Le carrefour congolais

Pour la collaboration entre les recherches anthropologiques, les programmes de développement, les Médias et les Entreprises en DRC

«*Mboka bolumbu*»

Les leçons de la Covid-19
à 95 millions de Congolais
Volume 1

La revue du Département d'Anthropologie de l'Université de Kinshasa

No 4 – Octobre 2020

ISSN 2665-9875
© 2020
Editions Kimpa Vita
editions.kimpavita@gmail.com
Imprimé aux Pays-Bas

En couverture : Lé d'un ntshak
Au Royaume du signe
1988, éditions Adam Biro

EQUIPE EDITORIALE

Professeure Julie Ndaya Tshiteku, Professeur Mumbembele Placide, Professeur Didace Kashiama, Professeur Delphin Kayembe, Professeur Gaby Bamana, Professeur Célé Manianga, CT Augustine Kilau, Serge Kapanga Kule, Kabitshwa Ngun, Gauthier Boyoko, Jean Claude Bimwala, Sébastien Maluta, Joseph Musiki Kupenza, Kisita Nkandi Marcelline.

CONSEIL EDITORIAL

Professeur Basile Osokonda (UNIKIN), Professeur Mumbembele Placide (UNIKIN), Professeur Lapika Dimonfu (UNIKIN), Professeur Muluma Munanga (UNIKIN), Professeure Victorine Neka (UNIKIN), Marcelline Kisita Nkandi (RODHECIC), Professeur Jeannot Wingenga (UNIKIN), Professeur Jean Pierre Mpiana (UNIKIN), Professeur Ekala (UNIKIN), Professeur Kashiama (UNIKIN), Professeur Nkumu (UNIKIN), Professeur Palama Bongo (UNIKIN), Professeur Mazarin Mfuamba Katende (ISP Kananga), Professeur Lumumba Twaha (UNIKIS), Jean Claude Bimwala (FIDA), Professeur Olela (UNIKIN), Professeur Muya, Professeur Musenge, Professeur Boleli (UNIKIN), Professeur Gudijika (UNIKIN), Professeur Adélard Nkuanzaka Inzanza (UNIKIN).

Adresse: Université de Kinshasa, BP 127 Kinshasa RDC
avenue de l'Université, Kinshasa, Congo-Kinshasa

Email: julie.ndaya@unikin.ac.cd ou j.ndaya@gmail.com

Point de vente : Bureau du Département d'Anthropologie de l'Université de Kinshasa.
Faculté des Sciences Sociales, Administratives et politiques

La revue du Département d'Anthropologie de l'Université de Kinshasa

Numéro 4

Octobre 2020

SOMMAIRE

LES CONTRIBUTEURS — 7

Covid-19 : la colère de Dieu ou la folie de l'homme ? Par Bertin MAKOLO MUSWASWA — 11

Editorial Par Julie NDAYA TSHITEKU — 15

Kinshasa entre évidences et incertitudes Quand Covid-19 congédie toutes les autres maladies Par Basile OSOKONDA OKENGE — 21

Des mesures barrières contre la Covid-19 à l'épreuve de la culture permissive de Kinshasa Par Sylvain SHOMBA KINYAMBA — 41

Covid-19 et Mœurs : Pour une construction d'un nouvel ordre de la gestuelle Par Victorine NEKA — 77

« *Nzambe asepeli te* » La Covid-19 et polarisation langagière à Kinshasa Par Delphin KAYEMBE KATAYI — 91

Crise sociétale et perception de la réalité en République Démocratique du Congo Par Samuel TUMBA LUPUA YEMEY — 111

« cache-gorge » ou « cache-cou » L'impossible et l'autre face de l'observation des gestes barrières contre la Covid-19 en RDC Par Joseph MUSIKI KUPENZA, Aristide MANZUSI KETO et Protais MWEHU BITO — 123

Covid-19 et l'apport du secteur informel dans la survie quotidienne les ménages congolais Par Fiston MUSALUPASI — 135

« Colonel Elvis » La Covid-19 dans le langage populaire des Congolais Par Joseph MUSIKI KUPENZA — 145

Covid-19 et l'organisation des funérailles en RDC Par NZEBA LUBALA Florence, TWEKO MUKAWA Roger, MULOPO FABA, MFWANKANG MUNIAR Jacquie et MUTUAKASIALA MUYOMBO Brigitte   153

ANNEXE LUS POUR VOUS   165

Commentaires sur le livre : *Visions of culture. An annotated Reader*. Édité par Jerry D. Moore, 2009. Par Prof. Delphin KAYEMBE KATAYI   167

KAVWAHIREHI, Kasereka. *V. Y. Mudimbe et la ré-invention de l'Afrique. Poétique et politique de la décolonisation des sciences humaines*. Amsterdam-New York, Rodopi (« Francopolyphonies »), 2006, 421 p. Par Anthony MANGEON   175

RDC : lorsque le Coronavirus nous redressa !   187

LES CONTRIBUTEURS

KAYEMBE KATAYI Delphin est professeur associé à l'Université de Kinshasa. Ses recherches s'inscrivent dans le domaine de la santé et la manière dont l'humain, situé dans le contexte socioculturel particulier, se positionne face à la maladie. Il est l'auteur de plusieurs publications, entre autre *De l'émergence de la RDC à l'épreuve de l'agir antipaludique. Le cas de la ville de Kinshasa* (2017); *Pour une approche anthropologique de la lutte antipaludique* (2015).

Kayembe Katayi a assumé des différentes fonctions administratives comme Secrétaire chargé de la recherche au sein du Département d'Anthropologie et la fonction de Secrétaire académique facultaire qu'il occupe actuellement.

Delphin est membre du comité de rédaction de la revue *Le Carrefour congolais*.

MAKOLO MUSWASWA Bertin est professeur émérite à la faculté des Lettres et Sciences humaines de l'Université de Kinshasa et responsable des éditions universitaires africaines. Son œuvre, qui comprend plusieurs publications, recouvre des différents champs de la littérature tel que la poésie, le théâtre etc. Elle aborde aussi les questions du Congo contemporain et se place dans le cadre transnational, revisitant les écrits des autres savants comme c'est le cas dans l'article « Littérature et politique: lecture rhétorique de *Prière et Paix* de Léopold Sédar Senghor (2000) ».

En plus de son travail scientifique, Makolo Muswaswa reste aussi à l'écoute des problèmes qui surgissent dans son environnement social et tente d'y apporter des réponses. Il est initiateur engagé des plusieurs activités, c'est le cas entre autres de la promotion de la lecture, des groupes d'éducation commune des jeunes, du mouvement Scout Nodasa.

NEKA Victorine est docteure en Anthropologie. Elle est professeure associée à l' Université de Kinshasa. Ses recherches analysent les questions de Genre, corps et sexualité. Elle est l'auteure des plusieurs articles dont *Sois belle et tais-toi. Ma place de catholique africaine dans l'Eglise des hommes* (1995) ; *Conscience et connaissance: une réflexion sur l'appropriation de l'approche genre en République Démocratique du Congo* (2005).

En complément à son travail scientifique, Victorine Neka est engagée dans les actions de l'amélioration de la condition de la femme. Elle est Coordinatrice et initiatrice de OFEDICO, une Organisation des Femmes pour le Développement Intégral et Communautaire. Elle est également Présidente du conseil d'Administration des femmes Chrétiennes pour la Démocratie et le Développement (FCDD).

OSOKONDA OKENGE Basile est professeur ordinaire à l'Université de Kinshasa et chercheur senior à la Chaire de Dynamique Sociale (CDS) de l'UNIKIN. Ses domaines de recherche couvrent l'anthropologie culturelle, l'anthropologie religieuse, l'anthropologie politique. Ses travaux examinent les différentes facettes de la reconstruction du socio culturelle et socio-politique congolais, et proposent des éléments de réponse en mettant un accent particulier sur le changement des mentalités. Il a consacré à ce sujet plusieurs publications dont *Changement de* *mentalité. Atout de développement. Plaidoyer pour les valeurs et les vertus dans la gouvernance* (2014); *Les enjeux de paix et de stabilité de la RDC: Nationalité et bonne gouvernance* (2013).

Osokonda Okenge a occupé des différentes fonctions au sein du monde académique congolais. Il a été Chef du Département de Sociologie et Anthropologie à l'Université de Lubumbashi, Secrétaire Général Académique à la même université, Secrétaire Général a.i. du Service National de RDC et Directeur Général de l'Institut Supérieur de Statistique de Kinshasa.

SHOMBA KINYAMBA Sylvain est professeur ordinaire à l'Université de Kinshasa. Il est également professeur invité à l'Université de Liège et à l'Université de Louvain (Belgique). Il est directeur de la Chaire de Dynamique Sociale (CDS), un centre interdisciplinaire qui joue le rôle d'interface entre l'Université et la société. Le CDS s'inscrit dans la recherche – action.

Il est l'auteur de plusieurs publications, entre autres *Quelques singularités congolaises : Enjeux, compromis et reconfiguration sociale* (2019); *Kinshasa – mégalopolis malade des dérives existentielles* (2004); *Les sciences sociales au Congo Kinshasa cinquante ans après* (2007).

TUMBA LUPUA YEMEY Samuel est Professeur de Théologie et Sciences de la Mission à la Pilgrims University Theological Seminary (Nigeria), à l' Université Presbytérienne Sheppard et Lapslay au Congo. Il est Chercheur à la Newburgh Theological University (USA). Ses recherches analysent les méthodes d'évangélisation dans les églises locales congolaises et la recherche des résolutions des problèmes du Congo contemporain.

MUSIKI KUPENZA Joseph, MANZUSI KETO Aristide, MWEHU BITO Protais, sont attachés des recherches au CERDAS.

MUSALUPASI Fiston est Chercheur au CERDAS/ Unikin. Son domaine des recherches concerne Genre et population.

MUSIKI KUPENZA Joseph est attaché des recherches au CERDAS.

NZEBA LUBALA Florence, TWEKO MUKAWA Roger, MULOPO FABA, MFWANKANG MUNIAR Jacquie, MUTUAKASIALA MUYOMBO Brigitte sont des assistants de recherche au CERDAS.

Covid-19 : la colère de Dieu ou la folie de l'homme ?

Par Bertin MAKOLO MUSWASWA

Combien de fois devrions-nous, mes frères,

Nous raser la tête pour pleurer les nôtres

Qui dans l'au-delà nous précèdent

D'un pas si pressé si surprenant ?

Ils sont jaunes, blancs, noirs ou rouges

Qu'importe la race sur le quai

Où siffle le train de la mort ?

Nous nous regardons les visages hagards.

A qui le tour demain, mes frères ?

Demain, mes sœurs, c'est déjà loin !

A qui le tour dans les secondes qui viennent ?

Quel tam-tam rythmera notre deuil ?

Regardez ici, mes frères,

Regarder là-bas, mes sœurs,

Les nôtres meurent en nombre comme les abeilles

Que les flammes ont surprises dans leur ruche.

Jetés dans des fosses communes,

Enveloppés dans des plastiques noirs,

Les nôtres n'ont pas de tombes

Sur lesquelles nous recueillir demain.

Nulle part n'a explosé la bombe atomique

Les cadavres des nôtres jonchent

La planète bleue qui danse, tourne et tournoie

Dans la ronde millénaire d'où nous sommes exclus.

A qui le tour demain, mes frères ?

Demain, mes sœurs, c'est déjà loin !

Les nôtres sont inhumés sans funérailles ni sépulture

Est-ce la colère de Dieu ou la folie de l'homme ?

Ô mes frères, ne me tenez pas par le bras

Ni par les hanches, mes chères sœurs !

Laissez-moi pleurer sous mon masque

En pleurant sur mon sort je déplore le vôtre.

Qu'elles rougissent simplement les yeux

Ou qu'elles coulent à torrent

Sur les joues caves ou rondes

Les larmes lavent et dessillent les yeux.

A présent je guette à l'horizon

La signature multicolore d'une autre alliance

Où le divin dans ce corps si putrescible

Ouvrira encore les voies de l'espérance.

Editorial

Par Julie NDAYA TSHITEKU

Le poème de Bertin Makolo qui ouvre ce numéro du *Carrefour congolais* traduit le choc éprouvé par 7,7 milliards habitants du monde suite aux dégâts causés par la foudroyante pandémie Covid-19. Débutée à Wuhan en décembre 2019, corona continue ses dégâts. Déjà aujourd'hui, elle est à la base de plus de 37,5 millions de malades dans le monde et plus d'un million de décès[1]. Et à la suite de la transnationalisation du virus, l'Organisation Mondiale de la Santé (OMS) a promulgué aux Etats une série des mesures pour protéger leurs populations : l'intensification des règles d'hygiène comme se laver régulièrement les mains, la distanciation sociale, l'utilisation des poubelles, l'être à l'écoute des conseils du médecin etc. Ces mesures auxquelles les Etats ont astreint leurs sujets supposent que tous les habitants du monde disposent de la même infrastructure de base pour les appliquer. La République du Congo s'est aussi alignée aux recommandations de l'OMS. Le début de la vague de la Covid-19 dans notre pays se situe en mars 2020. Suivant les statistiques du comité multisectoriel de la riposte dirigé par le médecin de la nation, le docteur Jean Jacques Muyembe, le cumul des cas en septembre 2020 est de plus de 10 milles malades et de 276 décès. Le gouvernement a amendé un décret portant sur les précautions à prendre ainsi que des obligations à respecter sur toute l'étendue du territoire national dans le but de lutter contre la propagation de la pandémie. Mais la question posée est de savoir si l'application de ces mesures peut réellement être effective compte tenu de la réalité du pays ? Quelles sont les leçons que la Covid-19 administre aux

---

[1] New York Times, 12 octobre 2020.

Congolais et leurs dirigeants, qui doivent les forcer à ouvrir les yeux pour concevoir le temps d'après en se connectant avec l'identité et le quotidien de leurs sujets. « *Mboka bolumbu* » disent les Kinois. Expression avec laquelle les habitants de la turbulente capitale du Congo expriment la défaillance de l'Etat, la précarité de leurs conditions d'existence et la méfiance envers l'élite dirigeante. Méfiance nourrie sans cesse par des évènements d'actualité comme le procès de 100 jours qui leur a donné l'impression que les élites s'amusent avec l'argent du pays en se moquant du reste de la population. Relever les leçons de la Covid sur les habitants du Congo, dont le nombre ne relève que de l'estimation, est l'objectif de ce numéro. On verra que les contributions ont surtout examiné Kinshasa, ceci pour la simple raison que la capitale est l'épicentre de la maladie. Mais les données sur Kinshasa peuvent être extrapolées dans les autres provinces du pays. Et comme on le lira, les auteurs montrent que ces leçons sont multiples. Certaines sont négatives, certaines autres sont positives. L'impréparation, la carence d'un minimum d'infrastructure, la fragilité des dépendances illustrée par le repli des Etats, la guerre qu'ils se mènent pour s'approprier le matériel médical et servir leur propre peuple appellent à se poser des questions sur ce que la souveraineté nationale veut dire. Mais il y a aussi la révolution des règles de l'hygiène : des gestes anodins dans les autres contrais comme se laver régulièrement les mains, l'allègement des dépenses pour les funérailles par la suppression des veillées mortuaires que beaucoup de Congolais découvrent.

Les auteu-re-s se complètent et prolongent les observations et réflexion des uns et des autres. Leur travail a le mérite de parler de l'intérieur, de rester attacher aux faits, certains articles utilisent le 'nous' en analysant le matériel, tout ceci consolide le but de notre revue de contribuer à la production des données empiriques qui ne rapportent pas la réalité des autres de manière neutre comme si la sienne était exemplaire.

L'impact de la COVID 19 est si grand que nous avons reçu beaucoup de contributions. Pour cela nous avons été obligés d'éditer ce thème en deux volumes. Ce premier volume comprend dix articles qui examinent des facettes diverses des leçons de Corona dont on continuera longtemps à parler. Basile Osokonda examine le mode de communication utilisé par les autorités sanitaires pour annoncer d'une part la présence du virus sur le sol congolais et d'autre part comment se protéger. Il signale que le mode de communication officielle qui mettait surtout l'accent sur la détection des cas et des décès chez des personnes de nationalité étrangère, de la diaspora ou l'élite habitant la commune riche de la Gombe n'a pas favorisé l'adhésion de la population. La grande masse s'est consolée en croyant que la covid-19 était l'affaire des autres, des nantis. En outre, les canaux de diffusion d'informations utilisés n'étaient pas efficients pour atteindre les gens ordinaires. Les messages à la radio et à la télévision ne pouvaient pas atteindre tout le monde car une bonne portion de la population n'a pas de poste radio ou de téléviseur. De plus, le recours n'a pas été fait aux forces présentes dans la société, comme les leaders religieux et responsables des quartiers. Tout ceci a renforcé le fatalisme et la résistance au changement, chacun remplissant ses connaissances sur le virus en se basant sur l'information qui circule dans la rue. Sylvain Shomba, dans sa contribution, remarque que suite aux mesures prises pour arrêter la propagation du virus, à l'exemple de la fermeture des frontières internationales, le clivage qui prévalait dans la période pré corona en terme de qualité de soins de santé entre dirigeants congolais et la grande masse avait disparu. L'élite, qui se faisait soigner à l'étranger, dans des hôpitaux bien équipés sans investir dans les hôpitaux du Congo, tandis que les gens ordinaires se faisaient soigner dans des hôpitaux locaux mal équipés, ne pouvait plus quitter le pays. Elle n'avait d'autre choix que de se faire soigner localement. La venue de la covid-19 et la fermeture des frontières internationales est venue rétablir l'équilibre entre les classes : riches et pauvres sont sur le même pieds d'égalité pour le soins de santé. L'auteur relève aussi qu'il n'est pas aisé de faire respecter les gestes barrières, de changer les habitudes enracinées dans la vie quotidienne, d'interdire certaines habitudes sans donner une alternative. Il illustre son argument avec deux exemples : l'utilisation du mouchoir à usage unique, jetable immédiatement et interroge comment rendre cette mesure effective dans une ville dépourvue des poubelles publiques et de l'insalubrité est généralisée. Et puis le rôle de la police qui n'a pas la confiance de la population pour assurer le maintien des mesures. La police congolaise est souvent répressive et les rapports entre la population et ces agents de l'ordre sont toujours tendus. En définitive, Sylvain Shomba relève le fait que les Kinois se sont aussi appropriés certaines habitudes qui n'étaient pas routinières auparavant, telles que se laver les mains plusieurs fois par jour, le port des caches-nez par certains corps de métiers pour se protéger contre la poussière ainsi que la prohibition des veillées mortuaires. Dans sa contribution Victorine Neka souligne la discordance entre les gestes barrières proposés au niveau mondial, et les identités locales. Ces gestes imposés n'ont pas rencontré l'assentiment de la population. L'identité particulière et ce que les gens considèrent comme leurs valeurs n'ont pas rendu facile l'adhésion de la population aux mesures qui sont venues bousculer nos mœurs. En outre les spéculations autour de cette pandémie, la recherche d'un bouc émissaire ont réanimé le sentiment de répugnance raciale, avec l'idée d'une pandémie ''confectionnée'' en Occident. Dans sa contribution Delphin Kayembe Katayi montre comment la surprise de la Covid-19 a provoqué la polarisation langagière à Kinshasa. Les mots étant des concepts normatifs, le virus a mis en oeuvre la créativité des Congolais qui ont recouru à des différents termes pour communiquer sur la crise sanitaire mondiale. L'article de Joseph Musiki, bien que sommaire, concrétise le constat fait par Delphin Kayembe. L'auteur rapporte un foisonnement des termes utilisés pour désigner la Covid-19. 'Colonel Elvis', un de ces termes, illustre l'un des sens que les Congolais donnent à Corona comme agent qui a amené de la discipline dans la vie des gens. De sa part Fiston Musalupasi développe l'apport positif de l'émergence de corona dans la vie des

Congolais. Il rapporte l'émergence des nouvelles initiatives du secteur informel; les Congolais ont mis en œuvre leur créativité durant la crise en développant des activités pour sortir de l'impasse économique. Cette créativité a permis à beaucoup de personnes de pallier à la carence des revenus qui par ailleurs étaient inexistants. La créativité des Congolais est une assurance pour la vie dans un pays où rien n'est prévu pour soutenir structurellement la population lors des situations calamiteuses. Les initiatives de base, rapportées depuis longtemps par les observateurs des milieux urbains, est une interpellation de l'Etat congolais qui doit jouer le rôle de facilitateur pour les permettre de se promouvoir. C'est que Tumba Lupua montre aussi brièvement sur la recherche des résolutions des problèmes de développement endogène. Aristide Manzusi, Protais Mwehu et de nouveau Joseph Musiki développent dans leur contribution commune la difficile observation des gestes barrières. Il n'y a que la présence de la police qui force les gens à porter les masques afin de ne pas devoir payer l'amende. Les gens disent que ces mesures sont prises pour protéger l'Etat et non la population elle-même. Un Etat incapable de fournir à son peuple les moyens de prévention et de lui donner un travail décent. Nzeba, Tweko, Mulopo, Mfwankang et Mutuakasiala abordent le soulagement apporté à la population par certaines mesures comme l'organisation des funérailles. Elle était devenue un poste très couteux pour les familles éprouvées. Les nouvelles mesures écourtent l'organisation des funérailles et atténuent la souffrance de la parenté des défunts.

Kinshasa entre évidences et incertitudes
Quand Covid-19 congédie toutes les autres maladies

Par Basile OSOKONDA OKENGE

Introduction

La Covid-19 (Coronavirus *disease* 2019), est une pandémie qui n'est entrée dans le langage et le comportement des Congolais que seulement depuis le 10 Mars 2020, cette date consacrant l'annonce officielle du premier cas en RDC. Depuis, elle ne cesse de s'accaparer toute l'actualité car c'est par les informations sur sa gestion et son évolution que commencent les nouvelles tant à la Radio qu'à la télévision nationales et même dans les chaînes médiatiques privées depuis quelques mois.

Et comme partout où elle s'est annoncée, Covid-19 tue impitoyablement, ravage et terrorise les populations, on comprend qu'il ne pouvait pas passer sans bouleverser les habitudes et le quotidien de la population. Et pour les peuples d'Afrique en général et ceux de la RDC en particulier pour lesquels la vie est valeur suprême, les répercussions en sens divers sont énormes et valent la peine que les sciences de l'homme et de la société s'y penchent et évoluent autant que la propagation et l'évolution de la maladie elle-même.

Pour l'heure qu'il est, les efforts sont orientés vers comment éradiquer la maladie et mettre ainsi les populations à l'écart des traumatismes que cette maladie provoque, car elle bouleverse littéralement les habitudes et les espérances. Dans ces efforts de lutte contre la pandémie, tous les détails comptent et expliquent comment les efforts entrepris peuvent ou non produire les effets escomptés. C'est pourquoi, nous verrons à travers ce texte que le mode de communication et la perception de la population constituent un atout dont on doit tenir compte pour l'efficacité de la riposte. Et c'est ce que révèlent à la fois les évidences et incertitudes que vivent les Kinois, et avec eux les Congolais sur cette pandémie à cause d'une communication ratée du ministre de la santé publique quand il annonçait la survenue de la maladie en RDC le 10 Mars 2020.

Le va et vient que vit le Kinois entre les évidences de la Covid-19 et les incertitudes quotidiennes provoqués par la gestion tant de la maladie que des modes de lutte ne présagent pas une issue rapide et heureuse dans cette ville et par ricochet dans le pays.

Au début la pandémie, l'enthousiasme des Kinois était totale avec la nomination du responsable du Secrétariat technique en charge de l'équipe multisectoriel de la lutte contre Covid-19[1], à cause de ses qualités énormes de chercheur, mais au fur et à mesure, même ce secrétariat technique ne les rassure plus, et ils prennent leurs distances et se replient sur la rue qui semble être le vrai gestionnaire de tout.

N'oublions pas que nous sommes à Kinshasa, ville dans laquelle, comme le notait Shomba, la rue remplit des actions sociales de grande facture, des actions économiques, récréatives, syndicales, politiques, des actions du secteur d'information et de communication[2]. Rien d'étonnant donc, car à tout prendre, le comportement du Kinois est paradoxal, car d'un côté il réalise que

---

[1] Il s'agit du Professeur Dr. Muyembe Jean-Jacques, Directeur General de l'INRB (Institut National de Recherche Biomédicales), virologue bien connu en RDC.

Covid-19 ravage et de l'autre il ne fait pas confiance aux structures de la riposte dont il se méfie même.

Pendant que nous réalisons cette mini enquête, la Commune de la Gombe qui est le centre de toutes les activités de la ville et même du pays est et reste sous confinement ; elle ressemble à une entité fantôme pendant que les autres parties de la ville vivent, comme si de rien n'était, leur vie presque ordinaire, à l'exception des aspects de la vie frappés par les mesures de la lutte contre la pandémie. Et tout cela fait partie de ce qui produit interrogations sur interrogations et qui alimente les incertitudes.

Confinement oblige, nous avons réalisé notre enquête dans les limites de notre entité municipale, la Commune de Lingwala, limite et lisière immédiate de celle de la Gombe dont certaines séparations ne le sont qu'en termes de l'espace de l'allée d'une avenue, ce qui fait que la gestion même du confinement pose problème dans certains cas et doit rendre problématique cette notion et celle de la réalité du confinement.

En effet, dans la conscience des habitants de certaines parties de ces deux municipalités, ces limites territoriales ne sont pas perçues et ne peuvent pas faire l'objet des interdictions qu'impose la gestion de la Covid-19.

Dans le concret, cette réflexion expose et commente les évidences vécues à Kinshasa et un peu dans le reste du pays par ricochet, et penche sur les incertitudes générées par l'ensemble complexe des structures de la riposte sous l'impulsion des pouvoirs publics ainsi que les réactions de la population avant une esquisse de conclusion.

---

[2] SHOMBA KINYAMBA, S., *Comprendre Kinshasa à travers ses locutions populaires. Sens et contexte d'usage,* Acco Leuven, 2009, pp. 68-84.

1. Les évidence de la Covid-19 à Kinshasa

Comme nous l'avons dit à l'introduction, ce n'est que depuis le 10 Mars 2020 que Kinshasa apprend peu à peu à vivre et entendre parler de la maladie due au coronavirus par l'annonce officielle faite par le ministre national de la santé publique sur la survenue du premier cas de Covid-19 dans notre pays. Cette annonce vaut tout son pesant, car avant cela, l'opinion entendait parler de cette terrible maladie au loin, très loin, et estimait que notre pays ne serait pas concerné. Après tout, par le passé, n'a-t-on pas entendu parler des maladies qui ont fait des ravages au loin sans atteindre la RDC ?

Ici aussi, le temps que la maladie a frappé la Chine avant d'atteindre l'Europe et l'Amérique a fait dire aux populations congolaises que la résistance du noir viendrait à bout de cette maladie et qu'elle perdrait tout son élan ravageur avant d'atteindre la RDC. Ainsi donc, les congolais vivaient apparemment sans inquiétude sur les nouvelles de Covid-19, et de toute évidence, le gouvernement non plus ne s'y est pas préparé et n'a pas pu préparer sa population.

Et c'est ici que les ratées communicationnelles sur le premier cas continueront à rattraper les efforts de la riposte. Le Ministre de la santé a parlé d'un sujet belge, puis d'un sujet français avant de se raviver pour parler d'un sujet de nationalité congolaise vivant en France qui était le premier cas de Covid-19 en RDC.

Outre la polémique sur la nationalité du premier malade de la Covid-19, les réseaux sociaux ont alimenté sa toile à laquelle il faut ajouter les sorties médiatiques du malade lui-même qui ne s'avouait pas malade au début, avant de finir par remercier le gouvernement pour ce qu'était sa prise en charge. Notons en passant que tous les malades Covid-19 sont pris en charge par le gouvernement y compris leurs funérailles s'ils arrivent à décéder. Comme nous le verrons plus loin, c'est une autre paire de manche dans la suite de la lutte contre la pandémie chez-nous.

Depuis lors, qu'on le veuille ou non, les réalités du nouveau coronavirus sont présentes désormais dans le quotidien du Kinois en général et du Congolais en particulier. Sans avoir la prétention d'être exhaustif, en voici quelques manifestations évidentes sans présenter une quelconque préséance : l'état d'urgence sanitaire[1] avec ses conséquences négatives et positives. Pour rappel, l'ordonnance a été prise pour faire face aux conséquences dramatiques et désastreuses sur le plan socio-économique, sanitaire et même politique précisait le texte.

L'état d'urgence sanitaire provoqué par la maladie due au coronavirus est présent dans la vie des congolais et impacte sa vie dans un sens comme dans l'autre. Au départ, les gens ne savaient pas encore à quoi ressemble vivre dans l'état d'urgence. C'est petit à petit qu'ils réalisent que c'est un régime de privation notamment de liberté dans certains aspects de la vie, et cela ne va pas pour arranger les choses, particulièrement avec une population kinoise qui déteste les restrictions[2].

---

[1] Le Président de la République a signé une première ordonnance le 24 Mars 2020 sous le numéro 20/014 du 24 Mars 2020 portant proclamation de l'état d'urgence sanitaire pour faire face à l'épidémie de Covid-19 pour 30 jours. Depuis, cet état d'urgence a été prolongé trois fois pour 15 jours, et ça continue.
[2] Le Kinois est généralement insouciant sur ce qui concerne l'avenir et l'environnement. On peut lire avec intérêt EBWEME YONZABA, J., « La culture de l'insouciance des Congolais. Quel avenir pour la nation ? », *Revue Mouvement et Enjeux Sociaux*, Numéro 67, 2011. Ou encore MIMBORO MUENDELE, *Kinshasa a-t-il une administration et des résidents qu'il mérite ? Essai d'une sociologie de l'insalubrité endémique*, Mémoire de D. E. S. en sociologie, UNIKIN, 2011.

Et quand on réalise que l'état d'urgence sanitaire que l'on croyait bref a été institué et s'est prolongé trois fois, alors on commence à se dire que quelque chose de sérieux est là. La population a vu ses libertés consacrées dans la constitution se restreindre peu à peu, à commencer par les restrictions de liberté même dans l'arrière-pays jusqu'à la fermeture des frontières nationales.

Pour la ville de Kinshasa particulièrement, la fermeture de la frontière angolaise de LUFU est devenue un véritable casse-tête pour le petit commerce des denrées en provenance d'Angola qui étaient meilleur marché.

Ainsi, avant de parler officiellement de confinement, les Kinois ont commencé à vivre cette réalité, ce qui justifie les déboires des structures commises au contrôle de la population notamment sur la route nationale Numéro 1, en direction du Kongo Central. Impossibilité de franchir la frontière par la voie normale, les voyageurs en quête de survie prenant des voies détournées pour se retrouver à l'intérieur des limites de la province, avec tout ce que cela a produit dans la propagation de la maladie, Kinshasa ayant été l'épicentre en RDC.

Mutatis mutandis, c'est le même genre de mouvement clandestin qui se vit dans l'axe fluvial vers l'Equateur et vers les provinces de l'ancien Bandundu et les Kasaï. Donc ici, il n'y a point de doute, l'état d'urgence sanitaire est une réalité vécue même sans le vouloir.

Le confinement d'abord voulu volontaire a été renforcé avec celui de la Commune de la Gombe. Centre de toutes les activités de négoce, et d'administration, la fermeture de la Gombe considéré comme épicentre de la pandémie dans la ville de Kinshasa est venue sonner le glas de tout.

Pour vivre et survivre, la majorité des Kinois vivent au quotidien dans le débrouillage, et c'est Gombe qui alimente ce mouvement. Les Kinois eux-mêmes appellent cela « vivre au taux du jour ». C'est ainsi que chaque jour, Kinshasa comme ville-dortoir voit chaque matin un mouvement d'afflux de la population des Communes périphériques vers Gombe, et le soir c'est le mouvement inverse. Avec le confinement de la Gombe, plus rien de semblable et les opérateurs concernés broient du noir (petits commerçants débrouillards, transporteurs…), car c'est aussi dans Gombe qu'on trouve le plus grand centre de négoce dit Zando.

Ainsi donc, à ses débuts, Kinshasa ressemble à une ville-fantôme, dans laquelle les mouvements intenses d'une ville grouillante n'existent plus. Plus de bruit permanent d'une musique gratuite dans tous les coins de rue, et surtout le fait que les nuits ont un calme de cimetière ne permettant plus de reconnaître Kinshasa. Les sans domicile fixe ou SDF voient leurs difficultés de survie se multiplier car ils trouvaient leur compte dans les bars et manifestations festives de « *tongo saaa* » entendez manifestations jusqu'au matin.

A ces manifestations évidentes de la présence de la Covid-19 dans la ville et dans le pays, il faut noter des annonces des décès et hospitalisations des personnalités de haut standing social imputé à la pandémie (ministres, membres de cabinets des ministres en fonction, membres du personnel de la présidence de la République…).

Autant le doute du début sur l'existence de la maladie était là, autant on commence à se poser la question à cause des décès des personnes illustres, ce qui ne rassure plus tellement. Ce qui précède se traduit par la présence des cache-nez appelés masques chez certaines catégories de personnes, et dans un premier temps la grande masse se console en croyant que c'est l'affaire des personnalités ayant une vie aisée, celles qui sont en contact avec l'Europe, l'Amérique et l'Asie.

La liste des évidences n'est pas exhaustive, mais il est intéressant de se poser la question de savoir comment la population perçoit ces évidences et les vit, car cela impacte et les efforts de la riposte et la vie en général.

2. Les incertitudes générées par la Covid-19 PAR à Kinshasa

De l'examen des évidences découle le fait que le Kinois gère des incertitudes au quotidien et il fait naître des comportements dont il importe d'analyser. Kinshasa est une ville des racontars, et c'est ce que le célèbre musicien Franco Luambo a appelé « tuba-tuba ». A quelques détails près, ce que sont les évidences depuis l'existence de la maladie jusqu'à sa gestion et son évolution deviennent des incertitudes que la population doit gérer.

Et la première des incertitudes est le sentiment de méfiance quant à la véracité de l'existence de la maladie dans notre milieu. De prime abord, l'opinion se convainc de plus en plus que la réalité Covid-19 ne commence pas le 10 mars avec l'annonce officielle, mais si c'est ce qu'on vit maintenant s'appelle Covid-19, alors elle est arrivée en RDC bien avant cette date. A ce sujet, la population en veut pour preuve des innombrables décès survenus depuis le mois de décembre 2019 des suites des maladies de tous les jours dont les complications dues à la malaria, les grippes fortes et autres les typhoïdes de tous les jours. Et ici, on affirme que le contact permanent avec la Chine peut expliquer cela.

Cela débouche sur l'une des grandes incertitudes sur comment se protéger en comparaison avec les gestes barrières édictés par l'équipe de riposte. A Kinshasa, l'élan de résistance au changement de comportement est bien présent. Même pour des évidences, les gens préfèrent demeurer ce qu'ils ont toujours été. Ils répondent invariablement : « *biso kaka boye, mbula na mbula* », ce qui se traduit par « nous sommes toujours comme ça année après année, ou encore « *ezalaka te* » (ça ne peut pas se passer comme ça », quand vous voulez les interpeler sur des nouvelles manières d'être. Or ici, la Covid-19 exige le bouleversement de plusieurs habitudes, à commencer par les habitudes qui combattraient les maladies des mains sales dont le Kinois ne semble pas faire cas.

Pour cela, les bilans de la riposte sont perçus comme fabriqués de toute pièce dans la population. Rappelons-nous les ratées de la première communication et les suspicions de connivence avec les intérêts extérieurs dont sont accusés les gestionnaires des pouvoirs publics. A ce sujet, la population est convaincue que la gestion de la Covid-19 génère des fonds importants de la communauté internationale, et qu'à ce titre, les autorités ne peuvent qu'agir pour assouvir les appétits financiers gloutons qu'on leur reconnaît volontiers.

Et comme pour étayer les propos qui précèdent, la population gère au quotidien les incertitudes suivantes parmi tant d'autres : La méfiance vis-à-vis des structures hospitalières de l'Etat ; la non-compréhension de la pertinence des mesures de confinement, la peur de la stigmatisation, la confiance dans l'information de la rue et les réseaux sociaux…

Il est symptomatique de remarquer que sous la gestion Covid-19, la confiance aux structures hospitalières s'est fortement effritée, et la méfiance a gagné du terrain, disons dans toutes les couches de la population. Quand les gens ressentent quelques signes qui évoqueraient ceux de la Covid-19, ils ne vont pas se faire consulter dans les hôpitaux qui hébergent les structures de riposte, pas plus que les grandes structures hospitalières tout court. Ils craignent « d'être taxés d'atteinte à la Covid-19 », de se faire garder et subir la prise en charge de ces hôpitaux qu'ils redoutent. Ce sont les dispensaires qui accueillent et soignent les gens en plus de l'automédication et surtout du recours aux recettes de la pharmacopée traditionnelle. Une étude plus approfondie dans ces structures peut nous révéler plus tard ce qu'affirment nos enquêtes.

La compréhension incertaine de ce qui soutient les mesures de confinement est également l'une des grandes incertitudes. On part de l'idée qu'on confine pour briser la chaîne de contamination, réduire les nouvelles contaminations et ainsi contribuer à éloigner de nous la Covid-19. Sur le terrain, quelques situations troublent la compréhension de cette logique : le nombre de cas augmente chaque jour, et Gombe a cessé d'être épicentre, mais toujours fermé, le nombre de patients en bonne évolution augmente sans qu'on sache où ils sont internés, et quand survient un décès du au coronavirus, les autres membres de la famille avec qui le défunt étaient en contact ne sont pas toujours en quarantaine. De la sorte, les nouveaux épicentres de la maladie dans la ville ne subissent visiblement aucun traitement particulier de la part des structures de la riposte, sans ajouter le fait que dans les milieux très populaires comme la TSHANGU et autres MATETE, MATADI KIBALA, et ROND POINT NGABA… on ne semble pas signaler des cas de contamination, sans que les gens ne comprennent cette sélectivité du virus. Et, on en arrive à la conclusion qu'il y a des choses qui nous sont dites et certainement celles qui nous sont cachées.

Ce qui nourrit également les incertitudes des Kinois, c'est la peur de la stigmatisation, car de tout temps, les gens ont tendance à cacher les maladies dont ils souffrent depuis les plus bénignes jusqu'aux plus graves. En fait cette attitude est dictée par le fait que dans beaucoup de cas, la croyance fait du malade parfois le responsable de ce qui lui arrive et souvent il y'a le sentiment de honte. Sans être capable de dire à quel moment on peut être coupable quand Covid-19 survient, nos enquêtés préfèrent de loin mourir de tout sauf du coronavirus. Et pour cela, personne n'acceptera que quelqu'un de sa famille soit mort de cette pandémie. C'est ce qui explique des cas rapportés de tiraillement entre membres de quelques familles éprouvées et les structures de la riposte quant à des prises en charge funéraire post-mortem par l'Etat.

Sans être exhaustif, il nous semble que le clou des incertitudes est alimenté par la confiance dans l'information de la rue et celle des réseaux sociaux qui est généralement différente de celle des structures habilitées pour le faire, et sur lequel nous reviendrons au dernier point cette étude.

Certes, avec toutes ces interrogations et d'autres encore, les structures habilitées peuvent avoir des explications plausibles, mais qui ne sont pas prises en compte dans la population, car l'information ne passe pas par le canal dans lequel on fait confiance, et le problème reste entier surtout que de plus en plus, on s'achemine vers le « *vouloir apprendre à vivre avec la Covid-19* ».

3. Une maladie qui congédie toutes les autres ?

Visiblement, c'est par l'attitude de la gestion de la riposte à la Covid-19 et la contre-réaction de la population que Covid-19 apparaît comme une maladie qui congédie toutes les autres, si elle ne s'est pas octroyée la capacité de contenir toutes les autres en elle…

L'attitude de la population telle que nous venons de l'examiner dans les pages qui précèdent est fonction de la conception de la maladie, de la vie et la perception de l'Etat et de ses structures, sans oublier le mode de communication susceptible d'atteindre et de convaincre la population.

Dans le vécu de tous les jours, les gens distinguent entre les maladies banales, chroniques, graves, mortelles etc. Les maladies banales, sont inévitables, mais guérissent d'elles-mêmes et n'attirent pas l'attention de l'entourage. Le cours de la vie du patient n'est pas perturbé et il vit sa vie de tous les jours presque normalement.

Les maladies perçues comme chroniques perturbent de façon prolongée la vie des gens et leur entourage, mais donnent l'impression d'être supportées par la résignation ; elles n'inquiètent pas outre mesure, car on sait qu'elles sont là et seront encore là pour longtemps. Tel n'est pas le cas avec les maladies considérées comme graves parce généralement mortelles. Leur caractère grave leur vient du fait que généralement, elles ne donnent pas le temps et l'occasion aux différentes médications d'intervenir efficacement étant donné qu'elles auront déjà eu raison de leurs victimes.

On comprend que Covid-19 est présentée comme relevant de cette dernière catégorie. Pour cela, on est attentif et on se tourne vers ce à quoi on a confiance.

Avant d'évoluer, remarquons qu'avec Covid-19, probablement à cause de la fermeture des lieux de culte consécutive à l'état urgence sanitaire, on ne semble pas recourir à la prière pour l'éloigner.

Avant Covid-19, il y'avait dans la population des multiples affections pour lesquelles le comportement quotidien développait des attitudes soit de prévention, soit de soins curatifs devant les structures hospitalières jugées aptes à éloigner le caractère dangereux des maladies. Et par les structures hospitalières, et par le comportement individuel, nombre de conseils et astuces pour se prémunir contre les maladies parmi lesquelles certaines étaient plus ravageuses que d'autres, mais en tout cas inspiraient les potentiels patients. Pour le moment, on dirait comme dans le langage de la boxe que toute la défense est dégarnie pour laisser libre cours à la seule Covid-19 d'attaquer.

Actuellement, cette conception de la maladie grave est confrontée à deux fronts pour une personne qui tombe malade : la maladie et les structures de la riposte à la Covid-19. Avant l'avènement de la Covid-19, les laboratoires d'investigation dans les petits dispensaires n'hésitaient pas à présenter les résultats des analyses parfois de façon stéréotypée :

- thropho+ ou ++,

- typhoïde+,

- infections urinaires+,

- amibes+ etc, mais avec Covid-19, le plus facile à faire c'est diagnostiquer Covid-19 +, même si on sait qu'il faut au moins 48 heures avant que les vrais résultats n'arrivent. Cela traumatise les gens qui se demandent si les autres maladies sont allées en congé en attendant que Covid-19 ne cède la place.

Et effectivement, les autres maladies, surtout si elles ne sont pas graves, sont chassées par les médicaments et autres mesures de prévention, mais ici elles sont chassées plutôt par une autre maladie autrement plus grave encore : Covid-19. Il n'y a donc qu'un pas pour affirmer que *Covid-19 tue sans Covid-19*.

L'autre front, ce sont les structures de la riposte avec leur mode de prise en charge et surtout leur mode de communication qui ne fait que creuser la fracture avec la population. L'infection au coronavirus est désormais perçue comme de la malchance parce que les structures de prise en charge ne sont pas perçues comme une garantie pour chasser la maladie, mais une structure pour accomplir une mission dans l'atteinte du pic de la maladie pour compte des organismes comme l'OMS.

Le mode de communication des structures de la riposte est perçu comme une déclaration de guerre :

- Nouveaux cas confirmés :…

- Cumul RDC :…

- Cas province par province touchée :…

- Nombre total de décès :…

- Et toujours un cas probable qui revient tous les jours,

- Nombre des malades guéris :

- Nombre de patients en bonne évolution :… etc.

Dans ce mode de communication, tout ce dont on n'a pas l'information ou la précision est perçu comme confectionné de toute pièce. Et comme avec Covid-19, on ne maîtrise pas encore comment se comporter efficacement, comment elle survient et comment s'en débarrasser, alors il faut faire gaffe. Cette conception est renforcée par l'idée qu'on se fait de l'Etat et de ceux qui le représentent.

On se trompe quand on ne s'en tient qu'à la seule définition classique et juridique de l'Etat en insistant sur le territoire, la population et une certaine souveraineté sur le plan national et international[1]. Dans le cas d'espèce, les Kinois ont leur définition et leur conception de l'Etat dans laquelle, même quand ils crient « L'Etat atalela biso likambo oyo » (Que l'Etat s'occupe de cette affaire en notre faveur), ils n'y croient vraiment pas, car ils savent que leur Etat est fondamentalement laxiste et attentiste. Et pour cela, au lieu de se référer aux recommandations de l'Etat, c'est le « on » qui règne. Le « on » anonyme est plus influent, plus puissant que le Président de la République, plus fort que le gouvernement, les ministres... Dès que le Kinois entend qu'on a dit... (*Balobi*, on a dit), cela suffit pour agir.

C'est pourquoi, au-delà de la définition juridique de l'Etat, il faut tenir compte de l'image que la population se fait de son Etat dans la résolution de ses problèmes, pour avoir son adhésion aux différents programmes en l'occurrence la riposte à Covid-19. Il faut que l'Etat soit perçu comme le garant de tous et de tout sur son territoire pour obtenir la participation de la population, ce qui garantit la réussite.

C'est pourquoi, pendant ce temps, et cela est renforcé par les réseaux sociaux et les incertitudes ainsi analysées, la rue règne en

---

[1] L'Etat est un phénomène ancien avec plusieurs connotations, il est abstrait et un fait. Les écrits existent à profusion sur ce concept. Lire par exemple BRAUD,P, *Penser l'Etat*, Le Seuil,2004 pour l'approche juridique ; ou encore l'approche wébérienne de l'Etat avant de déboucher sur l'approche anthropologique de l'Etat. Lire WEBER,M., *Economie et société*, Plon, 1971 par exemple.

maître, elle commande tout, et même paradoxalement parmi la population des élites censés comprendre les mécanismes de la survenue de la pandémie. Car, c'est sur les pincettes qu'on reçoit tout ce qui vient de l'Etat et ses représentants, car on ne sait jamais si c'est en notre faveur que tout est fait.

Voilà pourquoi le phénomène Covid-19 n'est venu que renforcer la résistance au changement qui se vit au quotidien avec « awa, biso kaka boye », entendez : ici, cela a toujours été comme ça. Sous-entendu que la pandémie, elle est venue, elle partira et nous laissera tel qu'elle nous a trouvés. Ceci explique l'interprétation et le comportement vis-à-vis des mesures-barrières :

- se laver les mains n'est pas encore un réflexe volontaire et surtout pas bien compris comme contribuant pour la sécurité de celui qui les lave. Ajouter à cela le fait que l'eau n'est pas disponible partout et pour tout le monde, ce qui est perçu chez les gens qui ne bénéficient pas de la desserte en eau courante comme une provocation ou même une insulte par ceux qui les privent de cette denrée.

- le masque que tout le monde ne dispose pas est devenu soit cache-gorge, soit un objet qui orne la main de celui qui le détient.

- la distanciation physique qui n'a jamais été la préoccupation des Kinois ne se perçoit pas comme une mesure préventive surtout dans la jeunesse désœuvrée et les gangsters urbains (kuluna) pour qui coronavirus ne peut résister aux choses qu'ils consomment (alcool et drogues). Et puis, pour les pickpockets, comment sauront-ils œuvrer en observant la distanciation ?

- Tousser dans le pli des coudes et ne pas se saluer avec la main, ne s'observent que quelques fois et la proportion de ceux qui le font est minime. Le mouchoir à usage unique est onéreux et dans les habitudes quotidiennes les gens qui toussent crachent par terre partout où ils se trouvent.

Et puis, terminons par le mode de communication à l'œuvre dans la riposte pour juger de l'adhésion de la population à l'opération. Le mode de communication qui présente le bilan de la riposte avec les clauses indiquées ci-haut étant perçu comme une déclaration de guerre, les canaux utilisés ne sont pas ceux de l'adhésion populaire : messages à la radio, à la télévision, dans la messagerie électronique avec les SMS du ministère de la santé ne peuvent utilement atteindre qu'une partie de la population et pas tout le monde. Les leaders sociaux ne sont pas mis à profit dans les rues, les quartiers, les Communes. Avec ça, on peut comprendre qu'une bonne portion de la population qui n'a pas de poste radio, poste téléviseur et les téléphones portables est à l'écart du processus. Tout porte à croire que la sensibilisation de proximité peut donner des meilleurs résultats que la « *télé riposte* ».

En guise de conclusion

La Covid-19 est là. Elle bouleverse et est appelée à bouleverser encore les habitudes de vie à cause de sa virulence et des dégâts qu'elle cause dans la société tant sur le plan de la santé de la population que sur le plan économique notamment. Seulement, nous devons réaliser que tout ne concourt pas encore à présager une riposte rapide et efficace tant que la population continuera à naviguer entre les évidences et les incertitudes.

Déjà, il faut d'abord vaincre la réticence d'une bonne frange de la population qui ne semble pas encore convaincue de l'existence de la pandémie, convaincre que la maladie touche toutes les couches de la population, jeunes, vieux, femmes et hommes de toutes les variétés de la race humaine, et prendre en considération ce qui alimente les incertitudes dans la population.

Les incertitudes dues au service que la population attend de l'Etat sont tellement énormes qu'il faut dire objectivement que population et gouvernants sont sur deux planètes différentes. La conception anthropologique de l'Etat qui veut que le consentement des membres sur qui repose la gestion étatique soit le moteur de toute réussite gouvernementale, et c'est cela que devraient creuser ceux qui ont en charge la riposte de Covid-19.

Cela signifie que les efforts doivent continuer pour rencontrer les inquiétudes de la population afin d'émettre sur la même longueur d'ondes et obtenir son adhésion sans laquelle aucune réussite ne peut être envisagée[1]. La méfiance de la population est telle que pour le moment l'Etat qui pilote la riposte n'inspire pas confiance et les tentatives de la population pour se prendre en charge vis-à-vis de Covid-19 peuvent se révéler suicidaires au regard de la gravite et de la complexité de la pandémie.

Il ne faut pas oublier que dans leurs réactions, les enquêtés ne s'empêchaient pas de faire des insinuations dans les évènements d'actualité comme le procès 100 jours qui leur donne l'impression

---

[1] Remarquons que cette fracture entre population et gouvernants avait attiré l'attention des chercheurs depuis l'aube de l'indépendance nationale avec MABIKA KALANDA., *La remise en question. Base de la décolonisation mentale*, Chez l'auteur, 1965. Rien n'a changé, bien au contraire, et cela continue à inspirer d'autres scientifiques. Lire par exemple : KAYOKA MUDINGAY, M., *Politiciens contre le développement au Congo-Zaïre*, L'Harmattan, 2002, ou encore MUTINGA MUTUISHAYI, M., *RD Congo. La République des inconscients*, Ed. Le Potentiel, 2010

que les dirigeants au sommet de l'Etat s'amusent et se moquent d'eux[2].

Ainsi donc, les bribes de comportements décrits ici ne sont que révélateurs d'un mal plus profond qui n'augure pas des issues prometteuses dans la recherche d'un « mieux exister » commun en RDC.

---

[2] Le parcours de l'injustice sociale a encore des beaux jours devant lui. Pendant que nous couchons ces lignes, les Professeurs de l'Université de Kinshasa, indignés par les gros salaires des politiques et la modicité de leurs salaires ont fait une marche en ce 15 Juillet 2020, et cela fait suite aux multiples revendications sans suite de la part du gouvernement.

Des mesures barrières contre la Covid-19 à l'épreuve de la culture permissive de Kinshasa

Par Sylvain SHOMBA KINYAMBA

Introduction

Lorsque l'initiative d'écrire ce texte à proposer à la revue *Carrefour congolais* en son numéro spécial axé sur *les leçons de la Covid-19 à administrer aux Congolais,* nous est venue à l'esprit, elle a aussitôt généré en nous deux postulations simultanées : satisfaction et anxiété. Spontanément, nous avons été traversé par un sentiment de ravissement dans l'idée que le présent texte complèterait et en même temps serait complété par d'autres articles appelés à mettre à nu ce monstre de la Covid-19 dont la meilleure connaissance possible participerait à la mise sur pied des stratégies et moyens efficient et efficace de son éviction.

Cependant, après un temps de réflexion, l'enthousiasme de départ a cédé la place à une anxiété comportant deux volets. Le premier se rapporte à la complexité et la singularité d'un objet d'étude en mouvement (actualité brulante) qui intègre tout aussi bien la nécessité de la protection que la continuité de la vie que traduisent les opérations de *confinement*, de *dé-confinement* et de re-confinement *dictées par la survenance, par l'ampleur ainsi que par la remontée de ce virus qui est si bien identifié en ce jour.* Ce qui ne nous empêche pas de remettre en doute notre prétention de produire bien que collectivement, une connaissance totale sur un tel objet d'étude.

Dans la suite, l'autre pan de ce sentiment mitigé est lié à cet élan secret de compétition que génère chaque numéro thématique d'une revue et surtout d'une grande revue, dans le chef des auteurs qui y participent et où chacun s'oblige de produire une réflexion qui ne sera pas marginale. Aussi naturellement, s'interroge-t-on sur ses capacités et sur ses performances. C'est, avouons-le, notre cas. Et c'est ce perpétuel conflit qui, en dépit de cet apparent désordre, justifie notre ton alterné et sans cesse renouvelé qui traduit la dualité des sentiments qui apparaissent d'un bout à l'autre de la présente réflexion.

En effet, laissé à la discrétion d'entre chaque contributeur, au regard de l'éventail des panels suggérés par les initiateurs de ce numéro, notre choix a été porté sur : *Les mesures barrières contre la Covid-19 à l'épreuve de la culture permissive de Kinshasa*. Le coronavirus, autrement appelé, par analogie, *kulunavirus* (gangstérisme urbain atypique qui rase tout à son passage) par une large opinion de *Kinois*, est sans conteste, cette pandémie indéniable qui met en mal toute l'humanité. C'est pour cela que les moyens de sa prévention comme ceux de son traitement s'universalisent. C'est un combat commun de l'humanité duquel dépend la vie de tous.

Partie de la Chine, terre de sa survenance, cette pandémie a été propagée dans le monde à la vitesse d'un éclair mais relayée et amplifiée par les puissants médias occidentaux. Elle a fini par atteindre l'Afrique et le Congo. Devenant une affaire de l'Etat, en accord avec le Parlement, le Président de la République a déclaré un état d'urgence sanitaire en vue de protéger les populations. C'est ainsi que de manière pratique, une série de mesures ont été édictées dont l'observance devrait être stricte. Parmi celles-ci, cette étude en cible six que sont :

- lavage régulier et répétitif des mains au quotidien ;
- port obligatoire du masque à la place publique ;
- utilisation d'un mouchoir jetable immédiatement ;
- salutation sans se serrer la main ;
- observance d'une distance sociale d'au moins un mètre avec tout interlocuteur ;
- fermeture des frontières internes et externes.

C'est à ce niveau que se situe notre propos interrogatif, car ces mesures barrières tout en étant pertinentes et indispensables dans la prévention contre la Covid-19 à Kinshasa, sont-elles compatibles avec le contexte *Kinois* ? Les *Kinois* en font-ils leur préoccupation la plus légitime ?

Considérant le gigantisme du territoire national, renforcé par la mesure de fermeture des frontières inter-provinciales, le site référentiel de cette étude se limite à la Ville de Kinshasa où nous sommes personnellement résident. Dans le contexte de cette investigation, ce sont les communes du centre (Limete, Lemba, Matete) et de la périphérie (Kisenso, Mont-Ngafula, Kimbanseke) qui ont servi de points de chute. Les données de terrain ont été produites à l'aide des techniques d'observation directe, entretiens libres et l'exploitation des sources documentaires. L'intelligibilité des faits a été rendue par l'interprétation socio-anthropologique (J.-P. Olivier de Sardan, 2008).

Dans notre souci de mener à bon port cette réflexion, nous l'avons structurée en quatre points. Le premier circonscrit le contenu des concepts clés. Le suivant expose succinctement les contingences sociales de la Ville de Kinshasa. L'avant dernier planche sur les mesures préventives de la Covid-19 à l'épreuve du contexte *kinois*. Le dernier point esquisse quelques voies de sortie. Une brève conclusion y met un terme.

1. Des concepts clés

Comme nous l'écrivions dans un texte antérieur (Shomba, 2017), le monde et les êtres qui le composent font toujours face au joug d'un éternel manichéisme qui structure l'ordre des choses : le jour et la nuit, le bien et le mal, le haut et le bas, ... cette double postulation engendre des effets qui se répercutent sur la vie de tous les êtres humains, à un moment ou à un autre de leur existence et cela, depuis la nuit des temps.

A cet égard, pour nous, les effets de cette postulation contradictoire sont à la base de l'énorme divergence qui ponctue nos points de vue, opinions et les significations que nous attribuons, entre autres, à une infinité des concepts. Aussi sommes-nous constamment appelé à circonscrire les sens des termes au centre de la présente étude en vue d'éviter tout ambiguïté quant à leur usage.

Dans ce registre de clarification des concepts, trois retiennent notre attention. Il s'agit de *culture, culture permissive* et *mesure barrière*. Ceci étant passons à cet exercice dans l'ordre de l'énumération ci-dessus.

1.1 Culture

Etymologiquement issue de la racine latine *cultus,* signifiant action de prendre soin, *culture* passe pour le terme aux sens le plus controversé comme l'attestent Krober et Kluckohn qui en ont recensé au moins 300 définitions du terme classifiées en sept types que sont : les définitions descriptives, historiques, normatives, psychologiques, structurelles, génétiques et partielles. De ce qui précède, l'idée ne nous vient pas du tout à l'esprit, de nous étendre dans un article sur la polysémie qui entoure ce concept. Qu'il nous suffise, d'indexer trois significations qui, à notre regard, s'ajustent bien au contexte de la présente étude.

Commençons par Edward Burnett Tylor (1870) dont, sans faire l'unanimité, la définition compte parmi les plus couramment exploitées en anthropologie. Pour cet auteur, la culture *est cet ensemble complexe qui comprend le savoir, les croyances, l'art, l'éthique, les lois, les coutumes et toute autre aptitude ou habitude acquise par l'homme comme membre d'une société*. Il s'agit là d'une définition descriptive qui indique les ingrédients dont se compose la culture. Cependant, le contexte de la présente étude ne saurait se contenter de cette simple description. Aussi devons-nous tourner notre regard sur la dynamique de la fonction de culture telle que rendue par Hervé Carrier, dans son *Lexique de la Culture* : *La culture, c'est tout l'environnement humanisé par un groupe, c'est sa façon de comprendre le monde, de percevoir l'homme et son destin, de travailler, de se divertir, de s'exprimer par les arts, de transformer la nature par des techniques et des inventions* (...). Elle est *la matrice psycho-sociale que se crée, consciemment ou inconsciemment, une collectivité : c'est son cadre d'interprétation de la vie et de l'univers* ; *c'est sa représentation propre du passé et son projet d'avenir, ses institutions et ses créations typiques, ses habitudes et ses croyances, ses attitudes et ses comportements caractéristiques, sa manière originale de communiquer, de produire et d'échanger des biens, de célébrer, de créer des œuvres révélatrices de son âme et de ses valeurs ultimes*.

En définitive, et c'est ce qui justifie pour nous, le choix de cette définition bien élaborée qui se résume en : *la culture est l'affinement de sa propre humanité*. Anthropologiquement perçue, il est important de retenir son caractère socialement appris et transmis, plutôt que répétitif, de même que le fait qu'elle soit commune à un groupe de personnes partageant des origines et/ou un habitat. De plus, une culture n'est pas figée dans le temps, elle est vivante et sans cesse façonnée par ses membres. C'est pourquoi, toute culture se réfère à une époque donnée. Ces principes sont bien vérifiables dans le contexte *kinois*. C'est ce que nous développons au point qui suit à travers la notion de *culture permissive* dénoncée à corps et à cri par des générations plus anciennes qui l'imputent aux jeunes en rapport avec leur cadre d'interprétation de la vie et de l'univers, leurs créations *atypiques*, leurs habitudes, leurs attitudes et leurs comportements caractéristiques.

1.1.1. Culture permissive

D'entrée de jeu, notons que culture permissive a des accointances avec les notions d'*informalité* et de *laxisme*. Comme on le sait bien, toutes ces notions sont considérées comme des fourre-tout, donc polysémiques. Commençons par l'informalité qui est un jeu transgressif avec les règles établies.

En effet (Karine Bennafla, 2015), « l'informalité est un terme générique forgé en référence au cadre réglementaire et institutionnel. Il désigne des activités ou des pratiques qui s'exercent hors des règles. Selon les cas, ce jeu transgressif peut être choisi ou bien contraint lorsque le droit en vigueur réduit certains à y avoir recours pour vivre, travailler, se loger, se déplacer. La spécificité de l'informalité est d'échapper, tout ou partiellement, aux archives, à la mesure et aux statistiques officielles ».

En continuum, le laxisme qui signifie relâcher et qui se conçoit dans son usage plus général, comme un système qui tend à limiter les interdictions de la société, causant ainsi une tolérance excessive, sociologiquement appelée anomie. Dans les deux camps (informalité, laxisme), on est en face d'un contournement des voies légales qui marque très largement les esprits et les comportements des *Kinois* en quête de satisfaction des besoins divers. A titre indicatif, évoquons : la circulation des véhicules à volant à droite face à un code de la route où l'on roule à droite ; une vive et constante pollution sonore alors que la loi l'interdit formellement ; une consommation à ciel ouvert de l'alcool frelaté nuisible à la santé, etc.

Venons-en maintenant au terme culture permissive qui est de coloration anthropologique. Dans ce contexte, *les cultures permissives sont celles qui ferment les yeux, qui savent que quelque chose se passe mais ne la gèrent pas correctement, ou qui regardent ailleurs*. Donc, la société permissive n'est pas à confondre avec la société libre basée sur le libéralisme politique et philosophique du 19ième siècle, car la société permissive étend la liberté au-delà des libertés politiques et intellectuelles et inclut la liberté sociale et morale.

C'est ce que traduisent des locutions collées sur les lèvres des *Kinois* moyens et surtout de masses, à savoir : *nani ako kanga ngayi* (qui peut oser m'enchaîner ?), *yo moto okobongisa mbok'oyo* (est-ce toi qui vas redresser ce pays déjà noyé), *bakokoka nga te* (personne ne peut m'évincer), … Tout cela traduit l'état d'esprit tantôt de banalisation de contournement des voies légales, tantôt du caractère indomptable que se donne l'*acteur permissif*. C'est dans cette optique que sera évaluée la compatibilité ou non, entre les impératifs des mesures barrières à la Covid-19 et la permissivité sociale et morale des *Kinois*.

1.2. Mesures barrières

La question des mesures barrières contre des épidémies date depuis l'Antiquité, notamment, en rapport avec la peste noire. De nos jours, cette disposition fait la vedette depuis mars 2020 à travers le monde en vue de contrer la propagation de la Covid-19.

En effet, le syntagme de *comportements barrières* regroupe tous les gestes et comportements individuels et/ou collectifs susceptibles de bloquer une épidémie à sa source, en freinant la propagation des microbes contagieux ou du virus. Les gestes qui peuvent protéger contre la contagion diffèrent selon le microbe - mode d'action, le virus et de contagion, pathogénicité - qu'il faut donc bien connaître, et qui peuvent évoluer au cours d'une épidémie, soit parce que le virus mute, soit parce qu'il rencontre des populations à l'immunité différente.

Dans le cas précis de la Covid-19, ainsi que nous l'avons déjà reprise à l'introduction de cette étude, comme ailleurs, en RDC, une série de mesures de protection ont été prises et rendues obligatoires par les instances politico-administrative et sanitaire. Ce sont ces mesures qui constituent la matière de base sous examen dans la perspective de leur compatibilité ou non avec les cultures permissives dont les *Kinois* font montre. Ce débat s'ouvre au troisième point de cette étude après la brève présentation des contingences sociales de la Ville de Kinshasa, site d'investigation de cette étude.

2. Contingences sociales de Kinshasa

Ce ne pas dans cet article que nos lecteurs se donneraient rendez-vous pour connaitre Kinshasa, mégalopole de 9.965 km^2, regorgeant environ 12 millions d'âmes (Saint Moulin, L., 1988) et charriant une histoire complexe et mouvementée (Shomba K. S.,

2004, 2009, 2015). Nous nous limitons ici à présenter ses grands traits qui permettront de rendre intelligible la saisie des résultats issus de la confrontation des réalités locales de Kinshasa aux impératifs salvateurs des gestes barrières à la Covid-19.

L'exposé qui suit livre des contingences sociales de Kinshasa dont les liens avec l'observance des gestes barrières à la Covid-19 sont indéniables. Il reprend des données sur le niveau de vie de la population, le système de santé et sur les relations entre les agents de l'ordre, les autorités politico-administratives et la population.

2.1 Niveau de vie

La locution *niveau de vie* fait référence à la qualité et à la quantité des biens et services utiles et nécessaires qu'une personne ou une population entière peut s'approprier et est en lien avec ses revenus et son patrimoine. Dans cette perspective, Kinshasa est victime de l'absence d'une véritable politique de l'emploi, de la carence des investissements productifs, du manque de planification entre formation et emploi mais surtout de l'exode rural et de l'afflux des réfugiés fuyant l'insécurité et les guerres qui ne cessent de ravager tout l'Est du pays sans oublier une procréation toujours nombreuse. Ce qui renforce le chômage, la précarité des revenus chez les actifs, le sous-emploi, les salaires précaires (Shomba K. S. et alii, 2015).

De manière plus explicite, retenons que Kinshasa connaît une incidence de la pauvreté de l'ordre de 41,6%. Cependant, étant donné qu'elle représente 10,7% de la population nationale, elle concentre 6,1% des pauvres congolais. A ce sujet, des enquêtes effectuées permettent de préciser que c'est dans la catégorie des ménages des inactifs, des chômeurs et des retraités (53,2%), les ménages informels non agricoles (47,2%) et les ménages informels agricoles (40,1%) que l'on retrouve le plus des pauvres (47,2%) (Shomba K. S. et alii, 2015).

D'un point de vue social, il importe de relever l'inaccessibilité du grand nombre aux services sociaux de base comme l'eau potable, l'électricité, le transport décent sans omettre le déficit d'urbanisme, ... qui caractérise Kinshasa (Lelo Nzuzi, F. et Tshimanga Mbuyi, Cl., 2004).

De même, un autre défi auquel se bute l'hygiène et la santé communautaires est celui de l'insalubrité et autres nuisances à l'environnement dont les plus dangereuses sont, notamment, celles des excrétas, des effluents industriels et la pollution de l'air.

2.2. Système de santé

De nos jours, le système de santé congolais se range parmi les plus inadaptés d'Afrique, car l'État a quasiment jeté l'éponge, laissant la place à des privés confessionnels et indépendants devenus de plus en plus puissants. Ceci est une conséquence du manque d'investissement et de la mauvaise gouvernance.

En RDC, il n'existe quasiment pas, c'est-à-dire à grande échelle, de système d'assurance maladie organisée. Cela fait que des ménages se voient assumer pratiquement toute la charge financière des services de santé au grand désarroi des gagne-petits. Les prestations sanitaires offertes par le privé sont très coûteuses (ce qui est également le cas dans des grands établissements hospitaliers publics). Par conséquent, les coûts des soins de santé sont élevés et, par ricochet, l'utilisation des services de santé se révèle faible. Le rapport entre l'état de santé et la pauvreté, en RDC, renseigne qu'en 2006, le taux moyen d'utilisation des services de santé était à environ 0,15 consultation par habitant par an. Ce qui correspond à moins d'une consultation par personne tous les 6 ans15 (Kambamba Darly, 2012). Kambamba Darly conclut, à juste titre que le système de santé congolais est agonisant ; parallèlement à l'établissement d'un climat des affaires sain, à la réduction de la corruption, et à la baisse des droits de douanes sur les consommables médicaux, il est plus qu'essentiel d'améliorer en amont la formation des établissements d'enseignement médical et, en aval, la mise en place d'un système cohérent d'assurance maladie sinon de mutuelles de santé, ces dernières étant jusqu'ici empêchées d'émerger par un cadre légal délétère, favorisant, au surplus, pauvreté (et donc une demande solvable faible et instable) et escroqueries. Donc, seules ces réformes permettront l'accessibilité d'un grand nombre aux services de santé. Et, malheureusement, c'est dans ce contexte que la pandémie de la Covid-19 nous trouve en République Démocratique du Congo.

2.3. Relations police-population

La police est un corps de métier dont les membres proviennent de la société civile, passent par une formation spécifique qui les rend capables d'assurer la protection des personnes et de leurs biens. Son rôle est plus préventif que répressif. La police est tenue à être (Mweya Tol'ande B., et Mukwayanzo Mpundu A.-M., 2007) proche de la population, sécurisante, rassurante, professionnelle, impliquée dans les programmes de développement de son Entité territoriale.

Cependant, en République Démocratique du Congo, la police est essentiellement répressive plutôt que préventive. Les principes renseignés ci-dessus se heurtent à une difficulté liée à la qualité souvent moralement peu recommandable des éléments recrutés et surtout, à la précarité des conditions d'existence et de travail des éléments de la police. De manière générale, il prévaut un climat de tension dans les relations entre la population et sa police.

Quotidiennement, les dénonciations de tracasseries policières de tout genre ayant pour finalité le rançonnement de la population fusent de toute part. Des extrémistes vont jusqu'à affirmer que nombre des policiers collaborent ou opèrent parfois en qualité de bandits à main armée. C'est pour cela qu'à Kinshasa, il n'est pas rare d'entendre un quartier résidentiel donné, revendiquer l'implantation d'un commissariat de police alors qu'un autre réclame la fermeture immédiate de celui-ci.

En conclusion, cette relation est ni plus ni moins comparable à celle de chat et chien. D'ailleurs, l'enquête a révélé que des jeunes *Kinois* postulent que, lorsqu'on rencontre un policier dans un coin reculé et surtout la nuit, mieux vaut, si c'est encore possible, se sauver en fuyant plutôt que de croire naïvement que cette rencontre soit un salut. En milieux des jeunes noctambules, par exemple, il est souhaitable de rencontrer un bandit plutôt qu'un policier. Cela doit inquiéter plus d'un *Kinois* dès lors que le suivi et les sanctions contre l'inobservance des mesures barrières contre la Covid-19 reviennent de droit à cette même police.

2.4. Opinion publique sur les gouvernants

A Kinshasa, comme sur l'ensemble du pays, l'opinion publique sur les gouvernants se fonde sur le sens de complaisance mieux de démagogie qui est accolé à tort ou à raison, au terme politique. Cette image se trouve davantage renforcée par l'esprit grégaire, la lutte sans cesse de positionnement et de repositionnement, des contestations stériles, des promesses chimériques, … qui marquent de nombreux *leaders* politiques congolais.

Comme contre la police, les Congolais ne font pas entièrement confiance à leurs dirigeants. Ces derniers sont perçus comme des trompeurs, des égocentristes, des insensibles, des narcissistes. Souvent, même lorsqu'ils ont manifestement raison, leurs propos sont tournés à l'envers (avis des extrémistes, des opposants farouches) et à l'opposé, même lorsqu'ils ont tort, leurs affirmations sont infaillibles (militants inconditionnels). C'est donc un univers tumultueux et insondable. Malheureusement, comme ailleurs, la mission d'annoncer la menace et de préconiser les mesures préventives est naturellement revenue, en RDC, à ces dirigeants à la confiance douteuse.

Tout état de lieu atteste donc que la majorité des *Kinois* n'ont pas un niveau de vie décent, ne jouissent pas d'un système de santé performant, n'entretiennent pas de relations confiantes avec les agents de l'ordre de même, avec les autorités politico-administratives et enfin, ne mènent pas une vie urbaine adéquate. Heureusement, qu'en général, ils se sont accoutumés dans leurs conditions de marginalité. Cependant, cette accoutumance tire la Ville de Kinshasa par le bas. Ce qui risque de rendre le rêve de l'observance des mesures barrières par ses résidents, contre la Covid-19, toujours fuyant.

3. Mesures barrières face au contexte *kinois*

Comme déjà annoncé dans les pages précédentes, à l'instar des autres Etats du monde, le Gouvernement de la RDC avec à la commande, le Président de la République a pris un train d'instructions, en mars 2020, dès l'avènement de la Covid-19 en vue de protéger les populations congolaises et, plus particulièrement, celles de Kinshasa, épicentre de la pandémie. Tout est parti de la loi décrétant l'état d'urgence sanitaire votée au parlement et promulguée par le Chef de l'Etat. Puisant la force de la loi précitée, celle-ci s'est vue, depuis lors, prorogée successivement après chaque 15 jours. Ces mesures concrètes qui ont été publiées devaient être opposables à tous et placées sous le contrôle et surtout, en cas de transgression, sous la sanction de la police nationale. Pour nous répéter, ce sont ces traits de mesures qui font l'objet de notre évaluation dans les lignes qui suivent. Vu leur nombre élevé, cette étude n'en cible que six principales sur la dizaine qui fut édictée.

3.1. Lavage répété des mains

Se laver les mains journellement même de façon répétitive relève d'une règle d'hygiène à laquelle personne ne devrait trouver à redire. En tant que telle, elle devrait même davantage s'imposer en dehors de toute contrainte policière, d'autant plus qu'il s'agit de se prémunir contre une pandémie aussi ravageuse qui a fait à la vitesse de l'éclair, le tour du monde à travers des contacts inter Etats. Ce qui ne constitue pas une préoccupation essentielle pour les nations mieux nanties où des infrastructures existantes desservent sans arrêt toutes les populations en eau potable.

A Kinshasa, pareil ordre de choses n'est pas au rendez-vous à cause du laxisme caractérisé et de l'attentisme de la population amorphe dans la revendication de ses droits. A cela, il faut ajouter l'incapacité pour la Régie nationale de distribution de l'eau (Régideso) à desservir en eau potable cette population évaluée à environ 12 millions d'âmes. Dans ce secteur de fourniture d'eau comme dans celui de l'électricité, la couverture varie très sensiblement selon que l'on habite la périphérie ou le centre-ville. A Kinshasa, c'est 6,7% des ménages qui disposent d'un robinet contre 79,3% qui s'approvisionnent en dehors du ménage. A cet effet, il nous faut déplorer des coupures et des délestages intempestifs surtout en période de la saison sèche (Shomba et alii, 2015).

A tout prendre, à Kinshasa, l'eau reste une denrée rare. Dans la pratique journalière, il s'observe constamment un recours payant en approvisionnement par camion-citerne (pour la classe aisée), en bidon de 20 litres auprès des forages motorisés qui se répandent de plus en plus, auprès des puits artisanaux et gratuitement grâce au don de Dieu que se révèlent être des rivières même polluées ainsi que le recueil des eaux de pluie, bien entendu, en période pluvieuse.

Voilà pourquoi, pour de très nombreuses familles, situation très répandue dans cette ville où la quantité d'eau équivalent un à trois bidons de capacité de 20 litres constituent la provision journalière pour un ménage, peu importe le nombre de ses dépendants et de ses besoins spécifiques : bain, vaisselle, lessive, cuisine, propreté de la maison, boisson,… comme on le voit, il ne devrait rester aucune quantité d'eau pour répondre ainsi à la recommandation de lavage répétitif des mains.

Certes, depuis un certain temps, des dispositifs de lavage des mains sont mis en place à l'entrée de plusieurs services publics et/ou privés, à quelques carrefours et à certaines places publiques pendant le confinement. Même alors, lorsque les premiers passants de l'avant-midi sont servis, il n'en sera pas pareil pour ceux de l'après-midi, la demande étant de loin plus importante que l'offre : le réapprovisionnement étant aléatoire. Aussi la plupart des récipients bien affichés (petit seau de 10 litres) affectés à ce service ne jouent-ils qu'un rôle fictif afin de se prémunir contre le contrôle policier et non contre la Covid-19, pour dire les choses telles qu'elles semblent être. La permissivité s'y est ainsi installée.

C'est ainsi que pour mieux conclure, nous nous disposons à interroger la quotidienneté régulière du *Kinois* moyen et, surtout, toute cette masse en matière de lavage des mains. Anthropologiquement parlant, sans compter le bain quotidien, le lavage proprement dit des mains n'est pas courant dans la journée ordinaire du *Kinois* et il ne se prête que lors du partage d'un repas, à l'occurrence, le *foufou,* la *chikwange,* repas dont la saveur, semble-t-il, n'est pas au rendez-vous lorsqu'on se sert des couverts. A cette occasion, chacun des convives s'impose le lavage des mains. A titre variable, pour la majorité de la population, cette pratique n'a souvent lieu que lorsqu'on revient des toilettes et, précisions-le, après défécation.

Cette carence d'eau une fois qu'elle est ponctuée culturellement par la pesanteur qui voudrait que les mains ne fassent l'objet de soins qu'avant et au terme de la consommation du *foufou* ou de la *chikwange,* cela peut-il maximiser les chances de l'observance de la mesure tendant à se prémunir contre la Covid-19 ? On s'en est accommodé depuis et cela est devenue pour tout le monde, une seconde nature et donc une routine bien installée qui érode la teneur de cette édictée.

3.2. Utilisation d'un mouchoir à usage unique jetable immédiatement

En ce qui concerne la recommandation de l'utilisation de mouchoirs à usage unique, qui seraient à jeter immédiatement dans la poubelle, cette mesure nous amène sur un terrain économique pour lequel le degré et l'ampleur de la pauvreté à Kinshasa a déjà été esquissée au deuxième point de cette étude. Quatre observations sont à noter à ce propos.

Certes, la première observation doit dénoncer le coût apparemment modique (300 Fc soit 0,15 $ us) d'un sachet de 10 pièces des papiers mouchoirs. En effet, dans un contexte pro-nataliste renforcé par le principe de solidarité lignagère, il n'est pas rare de rencontrer des ménages d'environ dix personnes, ce qui augmenterait la facture surtout que, dans ce cas, ce mouchoir ne s'arrête pas uniquement à se moucher ou s'essuyer de la morve. Il sert souvent à s'éponger le front dans cette Ville de Kinshasa située sous l'équateur. Au quotidien, le mouchoir à usage unique est employé plus régulièrement par des personnes de classe moyenne que par la masse.

La deuxième observation touche à l'insalubrité qui se verrait ainsi généralisée si tout le monde recourrait à l'usage des papiers mouchoirs dans une ville devenue elle-même, non par euphémisme mais par raison, une vraie poubelle, depuis plusieurs années, parce que dépourvue des poubelles publiques. Ce qui nuirait davantage à la santé des uns et des autres.

En troisième lieu, c'est le mouchoir à usages multiples qui loge dans les poches de la grande majorité des *Kinois*. Ce comportement s'explique à la fois par son coût abordable, sa longévité et par habitude séculaire.

En guise de la quatrième remarque à faire, s'agissant du mouchoir jetable, dans la masse, se rencontrent de nombreuses personnes, hommes et femmes qui ne s'imposent pas des mouchoirs de quelque nature que ce soit. Elles s'arrangent pour vider naturellement par un coup de souffle, la morve de la narine bouchée qui tombe, sans transit, par terre et juste après, s'essuient les doigts touchés sur leurs tenues avant de dissimuler, si possible, le tas jeté avec du sable remué par leurs plats de pied. De cette façon, l'affaire est close en attendant le tour prochain.

Au regard de tout ce qui précède, le respect de la mesure axée sur l'usage du mouchoir à usage unique, jetable immédiatement, ne peut qu'être hypothétique.

3.3. Saluer sans se serrer la main

Se serrer la main est un geste séculaire qui consiste à se témoigner mutuellement des intentions amicales. La poignée de mains a eu, à l'époque des grandes guerres, pour finalité de montrer que l'on ne tient pas d'armes et que la personne en face était à l'abri d'une attaque sournoise au couteau ou à l'épée, par exemple. Pour l'essentiel, ce geste reste une excellente expression de bienveillance et de cordialité.

En Afrique, la poignée de main est un geste qui compte. Elle s'accomplit, suivant les sociétés, de diverses façons variables selon l'âge, les sexes, les statuts sociaux, car lorsqu'elle n'est pas accomplie dans le respect de ces variables, elle devient une source de frustration, de tension et même de conflit. Mais, comme les contextes évoluent, ce geste de rapprochement devient un danger depuis l'avènement de la Covid-19. Désormais, on doit l'éviter, car la contamination du virus va connaitre une amplification rapide et à grande échelle.

Comment se présente la situation à Kinshasa ? La proscription de la poignée de main, passe jusque-là, pour la mesure la plus suivie par les populations de Kinshasa. Ce *geste devenu de plus en plus rare* mais pas totalement évacué des rangs des jeunes qui se revoient depuis une longue absence ou qui passent des heures à une terrasse, autour d'un verre, à se raconter des histoires qui les emballent, et cerise sur le gâteau entre des jeunes amoureux.

A ce genre d'occasions, l'émotion prend le dessus sur la raison. Son substitut qui s'efforce de combler le vide, consiste à se frotter les coudes. Ce geste second, traduit le degré élevé du rapprochement que l'on a avec l'autre et il y a, malheureusement, fort à craindre à ce que ce geste ne devienne un danger dans un contexte, déjà souligné, de culture permissive.

3.4 Observance d'une distance sociale d'au moins un mètre avec tout interlocuteur

Commençons par une observation. En effet, faisant corps avec les autres gestes barrières pour lutter contre la propagation de la pandémie, l'éloignement des interlocuteurs par peur d'une contamination immédiate a été maladroitement traduit par le syntagme *distanciation sociale* au lieu de *distanciation physique*. Comme on le sait bien, cette disposition n'empêche aucunement la communication, l'entretien, la conversation, ... qui relèvent de la vocation humaine. D'ailleurs, on distingue deux formes de distanciation sociale : l'une verticale (rapport entre couches ou classes sociales) et l'autre horizontale (absence de fréquentation, de communion entre les individus évoluant dans un milieu donné). Nous recommandons donc, dans le cadre de la prévention de la propagation de la Covid-19, l'usage de l'expression *distanciation physique* plutôt que *distanciation sociale*.

Venons-en à présent à la confrontation entre la culture

permissive des *Kinois* et la mesure de distanciation physique à observer pour se prémunir contre la Covid-19. Ce geste barrière figure parmi les plus difficiles qu'il y a à traduire en actes concrets. Tout part de l'attitude de cafouillage solidement ancrée dans les mœurs de la population.

En effet, à Kinshasa, il est hors de commun, de respecter l'ordre d'arrivée, de s'aligner en file indienne devant un guichet de service, à un arrêt de bus, à un robinet d'une borne fontaine, etc. Chacun et tous s'obligent d'être le premier à être servi, ce qui n'est pas possible. L'illustration parmi les plus pathétiques à puiser de la quotidienneté *kinoise* reste bien le fameux embouteillage. Pour rien et pour tout, le bouchon se crée à cause de l'esprit de vouloir pour chacun, d'être le premier qui passe, et après, personne ne passe.

Tous ces entassements devant des guichets divers (souvent les derniers arrivants sont les premiers servis moyennant un pourboire), aux carrefours où l'on prend des bus dans différentes directions (Victoire, UPN, Kitambo magasin, Rond-point Ngaba, …), aux marchés sans oublier la promiscuité observée dans plusieurs parcelles hébergeant de façon contiguë, de nombreuses familles nombreuses violent au grand jour, la mesure de distanciation physique.

Cette violation s'observe grandement dans le transport en commun. Dans ce secteur, le nombre de passagers à embarquer a été fixé au cours de la période du confinement en fonction de la taille du véhicule utilisé en transport en commun. Le comportement permissif s'y est invité. Cette règle, disons-le toute suite, n'est quasiment pas d'application dans les faubourgs qui sont, en d'autre termes, des Etats sans loi. Toutefois, sur les artères, carrefours et arrêts principaux, on fait semblant de respecter la distanciation physique. Mais l'opinion rapporte avec persistance le comportement ci-après : peu avant l'accostage, le transporteur et son convoyeur demandent aux plus jeunes passagers de descendre du bus pour reprendre leur place juste après le regard de la police. Il ne nous reste plus qu'à nous demander qui trompe-t-on ? La mesure de distanciation physique souffre grandement, quant à son observance à Kinshasa.

3.5. Port obligatoire du masque à la place publique

Le masque de protection contre la Covid-19 est devenu, sans contexte, depuis quelques mois, le bien le plus recherché au monde. Par masque médical, on entend, ce tissu plat ou plissé, ajusté au visage au moyen de lanières à placer derrière les oreilles et/ou la tête. Son efficacité est testée suivant des méthodes standardisées (ASTM F2100, EN 14683, ou équivalentes) visant à évaluer le compromis entre le haut degré de filtration, la respirabilité et, éventuellement, la résistance à la pénétration de liquides (OMS, 2020).

A Kinshasa où il est plus couramment dénommé *cache-nez*, comme le papier mouchoir déjà exposé plus haut, le port de masque ne va pas sans poser problème, à savoir : son coût par rapport au nombre des membres de la famille, la qualité du masque, le port.

3.5.1. Du coût

A propos de son coût, le masque médical règlementaire se vend au marché de Kinshasa au prix de 2.000 Fc soit 1 $ us. En effet, dans un contexte de famille nombreuse, procurer un masque par tête, après trois heures, relève de l'utopie pour la plupart des familles. Au quotidien, le masque fiable est employé par des chefs de famille aisées, prédisposés à sortir pour diverses raisons et même alors, en raison d'une pièce par jour.

3.5.2. De la qualité du masque

Comme il fallait s'y attendre, des initiatives locales ont été prises pour sauver les familles au bas pouvoir d'achat. Se rangent dans cet élan, des fondations, des *leaders* politiques, des ONG et des businessmen. Plusieurs couturiers parmi lesquels de peu ou pas professionnels sont mis en contribution et produisent des masques de qualité variable dont le coût moyen se chiffre à 500 Fc soit 0,25 $ us. Comme nous pouvons nous en rendre compte, en dépit de la conjugaison de tous ces efforts, plusieurs personnes s'estiment toujours être de laisser pour compte.

Aussi la police a-t-elle déjà surpris en flagrant délit, à plusieurs reprises, des inciviques qui, après avoir collecté des tas de masques jetés après usage, s'emploient à les nettoyer à l'eau peu ou pas potable pour les revendre par la suite de façon ambulatoire. Ce qui séduit facilement, car ils sont livrés à un prix imbattable.

3.5.3. Du port du masque

Les rues de Kinshasa livrent deux types de réalité au sujet du port rendu obligatoire du masque de protection contre la Covid-19. La première image est celle de ceux qui, soit n'en ont pas, soit n'en veulent pas. Ne pas en avoir renvoie au dénuement de la personne alors que ne pas le vouloir se justifie pour de nombreuses personnes par un malaise d'étouffement renforcé par la canicule qui prévaut à Kinshasa. Ces deux cas de figure sont plus courants dans des bidonvilles, dortoirs des populations misérables qu'au centre de la ville où l'on assiste généralement à un autre phénomène.

En général, dans les communes du centre, le positionnement du masque sous le menton est un spectacle courant qui s'explique, d'un côté, par la sensation d'étouffement déjà évoquée et, de l'autre, par la situation d'état d'alerte liée au contrôle policier assorti d'une amende de 5.000 Fc, soit 2,6 $ us. A ce sujet, des affrontements ayant conduit jusqu'à mort d'homme, ont eu lieu entre la police et des jeunes récalcitrants. Malgré cet incident, l'opération a continué et se poursuit, mais à une amende négociée (500 à 1.000 Fc), en termes de pourboire en faveur de ces *agents de l'ordre*.

Dans un tel contexte, qui trompe-t-on ? Se complait-on à narguer la Covid-19, cette pandémie qui répand la terreur à travers le monde ? A Kinshasa, la disposition de protéger la population via le port de masques n'a pas produit des résultats à la hauteur de l'espérance.

3.6. Fermeture des frontières internes et externes

Cette mesure trouve son fondement dans la thèse de l'exportation de la Covid-19 de la Chine où elle est apparue en premier lieu, avant de se répandre, progressivement, vers d'autres contrées dont la RDC. Ce qui justifie l'option prise de fermer les frontières internationales afin de sécuriser les populations congolaises. Ce qui fut fait et bien fait, car les frontières congolaises ont été rendues imperméables aux échanges économiques, aux flux migratoires, aux partenariats politiques. Cette disposition a été de stricte application, exception faite de quelques vols affrétés et spécialement autorisés à ramener les Congolais bloqués en masse dans quelques pays du monde ainsi que des cargos amenant des produits vivriers ou du matériel destiné à la lutte contre la Covid-19.

Dans la seconde phase, cette disposition a été appliquée en interne pour contrer sa propagation vers les populations de l'arrière-pays, entendu que Kinshasa, la capitale a été d'abord la seule ville victime de cette pandémie et, jusqu'à ce jour, elle garde cette triste réalité d'être l'épicentre de la Covid-19 dans le pays.

Tableau I. Cas de confirmés

N°	Province	Nombre
01	Kinshasa-ville province	6323
02	Kongo-central	325
03	Haut-Katanga	222
04	Nord Kivu	145
05	Sud Kivu	115

06	Lualaba	22
07	Tshopo	12
08	Haut Uélé	11
09	Kwilu	4
10	Sud-Ubangi	3
11	Ituri	2
12	Equateur	2
13	Kwango	1
14	Haut Lomami	1

Source : https://zoom-eco.net/a-la-une/rdc-Covid-19-un-record-de-532-gueris-enregistre-le-1er-juillet-2020/

Dans cette rubrique se rapportant à la fermeture des frontières en vue de limiter les contaminations au virus de la Covid-19, trois voies ont été ciblées : aérienne, lacustre et terrestre. Commençons par la voie aérienne.

Au niveau national, et sans vouloir affirmer que tout avait été saboté, ce qui ne serait pas vrai, étant donné que les avions courriers (Congo Airways, Compagnie Africaine d'Aviation, …) ont été cloués au sol, du 18 mars au 14 août 2020. Toutefois, force nous est de relever un certain comportement permissif observé au niveau des cargos qui ont continué à opérer entre les provinces. En général, des passagers de tout rang, se trouvant dans une situation d'urgence, ont continué à voyager comme si de rien n'était. Dans ce cas, les transporteurs ont maintenu un lien d'affinité avec les contrôleurs au départ comme à l'arrivée et le tour est joué, en foulant délibérément au pied cet ordre d'importance pour le bien du plus grand nombre.

Quant aux voies lacustres et terrestres, obligées par des motivations diverses dont le petit commerce de survie en tête de liste, les frontières se sont montrées poreuses. Une telle libéralité a été accentuée surtout par la vente d'une attestation autorisant le passage au niveau des barrières érigées tout au long des trajets. De jour comme de nuit, des baleinières comme des vedettes en provenance de Mbandaka, de Bolobo, de Maï-Ndombe, … accostaient à Kinshasa non seulement avec des vivres mais aussi avec de nombreux passagers.

Il en est ainsi du trafic qui n'a pas séché sur les routes nationales n°1 (Grand Bandundu) et n°2 (Kongo-central). A l'instar de ce qui se passait sur la voie lacustre, les policiers commis au contrôle et à la surveillance au niveau des barrières ont connu une période de vache grâce aux libéralités que leur offraient les passagers clandestins à l'aller comme au retour des convois dès lors que les règles de jeu étaient connus de tous. Ce qui rendait la traversée des barrières aisée.

Aussi peut-on se rendre à l'évidence qu'un confinement strict dans un contexte où tout le monde soutient que *quiconque ne sort pas ne mange pas* et de l'assurance largement partagée par d'aucuns qu'*il n'existe pas de barrières infranchissables* pour celui qui sait s'y prendre. Dans ce cas, le rêve d'un confinement parfait a relevé de l'illusion. C'est ainsi qu'à Kinshasa même où la commune de la Gombe a prétendument été déclarée confinée, les pressions sont restées fortes et la police a sensiblement fait son affaire, parfois même, sur des porteurs de macarons légaux. Passons à présent, aux renseignements tirés de l'examen porté sur l'observance des mesures barrières à la Covid-19 à Kinshasa.

4. Acquis à consolider

Tout n'est pas à rejeter sur les enseignements mis à la portée de la communauté sur les attitudes comme sur les comportements concrets affichés par rapport aux mesures barrières prises par les autorités publiques et sanitaires en RDC. Quelques élans d'une imprégnation mieux réussie méritent d'être consolidés dans le cadre de l'assainissement des mœurs et de l'hygiène publique.

En effet, par acquis, nous entendons ce qui est admis, reconnu et établi par tous et/ou par la majorité d'une collectivité comme modèle de référence, c'est-à-dire comme norme à suivre. Dans le cadre précis de la protection contre la Covid-19, une série des directives annoncées par les autorités compétentes sont venues, dès le départ, contrarier de manière frontale, des habitudes installées dans les mœurs et dans la quotidienneté des habitants de Kinshasa. Pensons ici, notamment, à la vertu de l'hygiène physique, au confinement, à la réduction du nombre des passagers dans le transport en commun, au port obligatoire du masque et même à la prohibition des veillées mortuaires.

Cependant, au fil de temps et, plus précisément, cinq mois plus tard, des langues ont commencé à se délier en faveur de la pérennisation de certaines mesures au vue du gain produit par rapport à l'intérêt général. En guise d'illustrations, décryptons brièvement ce que l'opinion publique construit, depuis peu, comme cité de rêve.

4.1. Capitalisation de l'observance des mesures d'hygiène

Kinshasa, on le sait bien, a perdu depuis de lustres, son visage luxuriant. Elle est une ville tentaculaire qui malheureusement, ne dispose pas de latrines publiques encore moins des poubelles, qui a moins d'espace vert, mais qui, de plus en plus est envahie par des détritus de toute nature avec en-tête les matières plastiques. Ainsi, dans cette ville, l'accoutumance a fini par corrompre les bonnes habitudes de la grande majorité qui ne trouve plus à redire, s'agissant de ces manquements.

Fort heureusement, depuis l'instauration de l'instruction de lavage répétitif des mains, notamment, à l'entrée de plusieurs services (banque, supermarché, hôpital, pharmacie, station-service carburant, shop de téléphonie cellulaire), les *Kinois* ont, progressivement, intériorisé cette pratique comme sa nécessité. Il n'est plus rare de rencontrer des hommes comme des femmes relevant au moins de la classe moyenne, disposé dans leur sac, d'un gel hydro-alcoolique qu'ils utilisent sans ménagement chaque fois qu'ils en ressentent le besoin. C'est donc là, un point d'honneur à capitaliser, car comme le stipule un vieil adage, *la propreté est la première règle de la santé*.

4.2. Abandon de la coutume des veillées mortuaires

La veillée mortuaire est un des trains majeurs qui marque la vie dans la capitale congolaise. Une armature de choc existe à ce propos. Location salle à de prix allant jusqu'à 7.500 $, un banquet en terme de bain de consolation et boissons à offrir à un nombre illimité de personnes (plusieurs indigents trouvent en ce lieu, une aubaine et passent sans cesse, d'un deuil à l'autre), une tenue uniforme pour tous les membres de famille et amis du défunt, fanfare et autres groupes musicaux traditionnel et moderne, chorale, etc. Alors que la famille concernée est affectivement éprouvée, elle se retrouve, par-là, économiquement fauchée par l'envergure des dépenses auxquelles elle doit faire face. Dans bien de cas, de nombreuses familles en sortent endettées.

A cela, il nous appartient de stigmatiser le côtoiement d'un corps pendant environ 24 heures, un corps dont souvent on ne connait pas, de façon avérée, la cause du décès. N'est-ce pas là, un risque pris dans la contamination possible des parents proches et autres connaissances éplorées venues porter secours et assistance et partageant avec les concernés ces moments d'épreuve.

Certes, il va de soi que l'interdiction d'organiser des veillées mortuaires a heurté les consciences. Mais, au fil du temps, des témoignages des anciens de Lubumbashi suffisamment présents depuis ces dernières années à Kinshasa, ont contribué à libérer nombre de *Kinois* de cette emprise. En effet, à Lubumbashi, la pratique des veillées mortuaires n'a jamais élu domicile depuis l'époque coloniale. A ce sujet, l'enquête a révélé que chaque jour qui passe, de nombreux *Kinois* deviennent réceptifs à une inhumation sans veillée qui les libère de plusieurs contraintes.

4.3 Le confinement

De manière générale, les ménages de Kinshasa dénoncent le retour tardif des hommes à leur domicile. Ceux-ci trouvent comme meilleur alibi, le volume de travail à accomplir journellement alors que dans la pensée de leurs épouses, les hommes passent le clair de leur temps aux côtés d'autres femmes, dans les restaurants, dans les terrasses, dans les hôtels, … Aussi, les tournois finaux de la coupe du monde de football, de la coupe d'Afrique des Nations, du championnat d'Afrique des Nations, … qui s'étalent sur au moins un mois, sont des occasions rêvées d'avoir époux ou papa aussi disponibles dans le cercle familial.

L'instauration de la mesure de confinement, en dépit de ses retombées négatives, particulièrement, au plan économique, est bien saluée parce qu'elle a engendré une reconversion de l'emploi de temps des hommes en faveur d'une vie de famille. L'homme, dit-on, ne prend plus désormais sa résidence en tant que simple dortoir, mais s'érige depuis, en un espace de vie commune pour les parents et leurs progénitures. Le souhait des partenaires serait que cet esprit reconverti, s'enracine davantage.

4.4. Commodité dans le transport en commun

L'instruction relative à la réduction du nombre de passagers dans le transport en commun pour contrer autant que faire se peut, la Covid-19, figure parmi les mesures les plus adroites prises par l'autorité compétente. En effet, à Kinshasa, à cause du débordement de la demande du transport par rapport à l'offre et de l'obsession des transporteurs à vouloir encaisser chaque jour plus de recettes que celles à verser le soir au patron, on assiste à l'entassement très risqué des passagers sur chaque trajet et, plus particulièrement, vers la périphérie de la ville. À titre indicatif, une moto peut embarquer jusqu'à quatre personnes au lieu de deux, le conducteur compris, une voiture-sept personnes, un bus plus de cent personnes au lieu de la moitié si l'on s'en tenait, comme ailleurs, à la commodité des passagers.

Depuis que la mesure est tombée, sous le regard vigilant de la police, les choses se passent plus ou moins correctement. Malheureusement, à la tombée de la nuit, et à mesure que l'on s'éloigne des principales artères, tout se déroule comme si aucune restriction en cette matière n'existe. Aussi rencontre-t-on, de plus en plus, une opinion favorable en termes de commodité que le transport en commun de Kinshasa depuis le confinement, s'efforce d'offrir à sa clientèle. Le souhait est tel que, cela puisse perdurer même si, perçu sous l'angle économique, le coût du trajet par individu est doublé pour suppléer à l'espace jugé inoccupé. Malheureusement, cet espoir n'aura duré que l'espace d'un matin, car depuis le dé-confinement intervenu fin juillet-début août 2020, l'ancien ordre a repris son droit de cité. La police a laissé tomber les mains, les consciences se sont réalignées.

4.5. Pérennisation du port des maques pour certaines activités

L'adoption du port des masques pousse une large partie des *Kinois* à s'approprier à tout jamais sa pérennisation. L'appropriation de ce port par des corporations telles que des meuniers, des vendeuses de braise, des conducteurs de moto comme pour des pousseurs de chariot, des maraichères et même par des piétons sur des trajets, du reste innombrable, à route à terre bâtie, source de poussière constante pendant la saison sèches. Cela, pense-t-on, protègerait de mieux en mieux, les populations contre la pollution de l'air, source récurrente de plusieurs maladies pulmonaires.

4.6. Investir dans les hôpitaux du Congo

C'est depuis des lustres qu'un clivage prévaut en termes de qualité de soins de santé entre dirigeants et la population congolaise. Pour tout et pour rien, les premiers cités se font soigner à l'étranger (France, Belgique, Suisse, Inde, Afrique du Sud, …) fuyant, sans remord, les mouroirs laissés à la masse.

Aujourd'hui, avec la survenue de la Covid-19 et sa suite de retombées à travers l'application généralisée de la mesure de fermeture des frontières internationales en vue d'éviter sa flambée au-delà des espaces et des océans, est venue rétablir l'équilibre entre les classes. Riche ou pauvre n'avait d'autre choix que de se faire soigner en RDC. Ce qui exacerbe la nécessité et l'urgence d'investir dans les hôpitaux du Congo. Saluons à cet effet, un début d'investissement constaté en rapport avec la protection et la lutte contre la Covid-19 à travers le renforcement de capacités de l'IRNB, l'implantation des cliniques mobiles à travers plusieurs provinces, des équipements acquis, pour l'essentiel, grâce à la coopération bilatérale comme multilatérale. Dans l'opinion, le vœu qui est sans cesse formulé, est que cette initiative ne se transforme pas en feu de paille afin que les décideurs ne soient pas en cours d'initiatives en matière de santé, de sécurité, d'alimentation et d'éducation qui sont des besoins clés pour toute collectivité humaine.

Conclusion

A l'issue de l'analyse des données de terrain, il est ressorti d'abord que plusieurs efforts ont été conjugués parmi lesquels la diffusion de l'information sur la Covid-19, sa vulgarisation par des spots et des chansons des orchestres *kinois*, la sensibilisation des populations par des leaders politiques, ecclésiastiques et ONG, l'instauration des mesures de prévention contre la pandémie, les sanctions à l'égard des contrevenants, l'instauration d'une équipe médicale de riposte, etc. Personne ne peut donc nier ce déploiement qui ne pouvait que susciter tant d'espoir de voir Kinshasa résister vigoureusement contre ce virus. Aussi devons-nous retenir que convaincus ou non, tous les *Kinois* sont informés de la survenue, au tout début de l'année 2020, de la Covid-19 et assistent à la mobilisation des équipes médicales, des matériels de lutte même si, des doutes persistent encore dans certains milieux quant à sa dangerosité. Nombre de *Kinois* se plaignent contre le poids des dispositifs de lutte qui ne tiennent pas compte de leur précarité existentielle qui leur impose une mobilité à tout jamais indispensable. Ce qui ouvre sans nul doute, la voie à la permissivité.

Ensuite, l'observation de chaque jour a montré progressivement que les attitudes et comportements aussi bien des autorités politique et sanitaire que des agents de l'ordre et surtout de la population de Kinshasa, ne sont pas assez conséquents par rapport à la prévention que devrait consacrer, à tout jamais, l'observance des mesures barrières ainsi répertoriées d'un bout à l'autre de cette étude.

En général, tout ce monde donne l'apparence de respecter les gestes barrières à la manière dont D. Mumengi18 (2006) qui, portant son attention sur le même contexte congolais, parle des faux semblants : les travailleurs font semblant de travailler, les patrons font semblant de les payer, les enfants font semblant d'étudier, le gouvernant fait semblant de gouverner, le peuple fait semblant d'être citoyen.

Enfin, il nous semble logique qu'à son tour, de souligner que, la Covid-19 fait semblant d'être arrivée en République Démocratique du Congo parce que ses effets n'ont rien de commun avec ce qu'on serait en droit d'attendre surtout que le terrain lui est manifestement fertile. Malheureusement, restant respectueux de la problématique circonscrite dans le cadre de cette étude, nous ne pouvons aborder un tel débat sous peine de tomber dans une digression. Néanmoins, nous gardons l'espoir que cet aspect phare sera abordé par l'un ou l'autre contributeur à ce numéro spécial du *Carrefour congolais* consacré à la Covid-19.

Notes bibliographiques

Ouvrages et revues
- DEVELTERE P., et SHOMBA KINYAMBA S., « La Covid-19 en Afrique, un couteau dans du beurre ! », in *Journal du développement*, n°372, mai 2020.
- LELO NZUZI, F., *Kinshasa, ville et environnement*, Paris, L'Harmattan, 2009. 2004 ;
- MUMENGI, D., *La révolution de bon sens au Congo,* Paris, L'Harmattan, 2006 ;
- MWEYA TOL'ANDE B., et MUKWAYANZO MPUNDU A.-M., « L'état des relations entre la police nationale congolaise et la population à la base », *Atelier national sur la réforme de la police nationale congolaise*, Centre Catholique Nganda, Novembre 2007
- OLIVIER de SARDAN J.-P., *La rigueur du qualitatif. Les contraintes empiriques de l'interprétation socio-anthropologique*, Louvain-la-Neuve, Bruylant Académia, 2008 ;
- OMS, Conseils sur le port du masque dans le cadre de la Covid-19, 5 juin 2020 ;
- PNUD, Province de Kinshasa. Pauvreté et conditions de vie des ménages, 2014 ;
- SAINT MOULIN L. (de), « Histoire de l'organisation administrative du Zaïre », in *Zaïre Afrique*, n°224, Kinshasa, avril, 1988 ;
- SHOMBA KINYAMBA S., (sous.dir.) *Monographie de la ville de Kinshasa,* Kinshasa-Montréal-Washington, ICREDES, 2015 ;
- SHOMBA KINYAMBA S., *Comprendre Kinshasa à travers ses locutions populaires. Sens et contexte d'usage,* Louvain, ACCO, 2009 ;
- SHOMBA KINYAMBA S., *Kinshasa, mégalopolis malade des dérives existentielles,* Paris, L'Harmattan, 2004 ;
- SHOMBA KINYAMBA S., *Les stigmates de l'hypo-nivellement en sciences sociales. Esquisse d'une théorie*, Kinshasa, PUK, 2017.

Webographie
- http://geoconfluences.ens-lyon.fr/informations-scientifiques/a-la-une/notion-a-la-une/notion-a-la-uneinformalité
- https://fr.wikipedia.org/wiki
- https://theses.univ-lyon2.fr/documents/getpart.php
- https://www.ababord.org/Uneapprocheanthropologique#comportement
- https://www.contrepoints.org/2012/09/03/96095-la-sante-a-lagonie-en-republique-democratique-du-congo

Covid-19 et Mœurs : Pour une construction d'un nouvel ordre de la gestuelle

Par Victorine NEKA

Introduction

Aujourd'hui, l'attention de toute la communauté mondiale est focalisée sur les recherches alternatives en vue de l'éradication de la grande pandémie Covid-19. Pour y parvenir, des mesures de préventions mises sur pieds n'ont pas trouvées malheureusement l'assentiment de nos populations.

Ce refus se justifie, dans un premier moment, par les difficultés d'adhésion aux nouvelles pratiques qui ne semblent pas communier aux habitudes acquises, et dans un deuxième moment, dans la perspective où les conditions différentes de socialisation dans les grandes agglomérations (en Afrique, en général et en RDC, en particulier), modifient en profondeur, les cultures gestuelles originaires de groupes sociaux.

Aussi, les différentes interprétations de cette grave maladie nous ont amené de réfléchir sur les effets de l'épidémie qui, à la fois, a altéré et affecté le vécu quotidien du congolais au cours de la période allant de la détection du virus Corona-19 en Chine, à l'annonce de celle-ci dans le monde ainsi qu'à sa déclaration comme pandémie par l'OMS. En République Démocratique du Congo, la RDC, des mesures préventives n'ont été prises qu'après sa détection en terre congolaise

En effet, pour éviter la contamination massive, des règles et mesures barrières étaient imposées progressivement en partant de la Chine, pays d'origine du Virus aux autres pays du monde. Cependant, les contraintes imposées par les gouvernements des pays occidentaux n'ont pas servis d'avertissement aux pays d'autres continents, particulièrement les pays africains qui l'ont considéré comme un virus figé.

Les déclarations successives de l'OMS sur les effets néfastes de l'épidémie n'ont eu d'incidences qu'à la présence du Covid-19 dans les autres pays d'Europe, d'Amérique et d'Afrique. D'après certains analystes, cette dernière aurait eu la possibilité d'épargner sa population s'elle avait tenue ses frontières fermées dès l'annonce de la pandémie.

En RDC, le virus a été détecté au début du mois de Mars. Dès son annonce, l'état d'urgence était décrété par le président de la république, suivi de la mise en œuvre des mesures drastiques ainsi que la proposition des équipes de riposte. Une entreprise qui a abouti, dans un premier moment (à la déclaration) à la reconnaissance de l'épidémie en terre congolaise, et dans un deuxième moment à la publication des mesures barrières pour éviter sa propagation.

Aussi, nous appuyant sur nos observations (et quelques informations reçues des jeunes et adultes) réalisées au cours de trois mois de confinement et d'observation stricte des mesures barrières que nous livrons cette réflexion qui s'articule sur deux positions. Les faits et comportements relatifs à l'observation des contraintes et les moyens imposés à cet effet, notamment les pratiques telles que proposées par les équipes de riposte.au niveau mondial et qui ont impactés nos pays. Il faut reconnaître tout de même que les imaginaires collectifs autour du Covid-19 ont exercé un pouvoir d'agir sur les habitudes, les manières d'être et de faire des autochtones.

Cependant, nos sociétés qui sont généralement murées sur elles-mêmes par leur identité particulière et partageant de près les mêmes représentations et les mêmes valeurs deviennent incapables d'agir autrement quant aux rapports qu'entretiennent les individus entre eux. C'est le constat qui se dégage, dans les différents pays africains, notamment le refus de leur population non seulement de s'approprier des mesures barrières mais plus de reconnaître la présence du virus sur leur terre, en déclarant l'inexistence de ce dernier.

Dans les lignes qui vont suivre, nous allons tenter d'esquisser quelques éléments sur les imaginaires collectives congolais face au Covid-19 et leurs incidences sur la mémoire collective, qui du reste est source de notre identité. En attendant, la compréhension des concepts clés faisant l'objet de notre réflexion s'avère opportune.

1. Compréhension des termes clés

Le terme geste découle du concept gestualité. Il est mouvement du corps, principalement, des mains, des bras, de la tête. Un mouvement volontaire ou involontaire visant à exprimer ou à exécuter quelque chose. Le geste se rapporte généralement au caractère social et culturel des conduites, voire les plus banales et les plus intimes de la vie quotidienne. Tandis que la gestuelle se trouve être l'ensemble des gestes expressifs considérés comme des signes ».(dict.P.R. p.1139). Pour Le Breton, la gestuelle concerne les mises en jeu du corps lors des rencontres entre les acteurs, le rituel de salutation ou de congé (signe de la main, hochement de tête, poignée de main, accolades, baiser sur la joue, sur la bouche, mimiques, manières d'acquiescer ou de nier, mouvements du visage et du corps qui accompagnent l'émission de la parole, direction du regard, variation de la distance qui sépare les acteurs, façons de toucher ou d'éviter le contact, etc (Le Breton, 2018,p.52).

Cependant, les mœurs dont nous ferons appel dans cette réflexion se rapportent plus aux bonnes mœurs (les habitudes, les pratiques, les manières) qui impactent le quotidien de l'autochtone congolais. Il s'agit de l'ensemble des règles, valeurs et vertus acquises (par les individus) s'accordant à la pratique du bien et aux conduites morales relatives aux bonnes mœurs et non aux mauvaises mœurs qui sont sévèrement décriées dans nos traditions.

Quand au terme 'Covid-19', c'est un concept qui se réfère à une maladie infectieuse causée par le dernier coronavirus qui est apparut à Wuhan, en Chine. Devenue pandémie en décembre 2019, elle a touché de nombreux pays dans le monde et notre pays la RD Congo n'en était non plus pas épargné.

2. Connaissance, perception et observation des mesures barrières

2.1. Connaissance et perception

La Coronavirus est une maladie qui n'a pas fait l'objet d'attention au sein de la population congolaise. La plupart ont confirmé l'avoir connu par les médias, par les membres de famille et aussi par les connaissances. Par contre, certains ont ignoré son existence et d'autres l'ont associé à un envoutement. Cette grave maladie est donc vite tournée en dérision dans la communauté congolaise et a stigmatisé ceux qui en étaient atteint, tantôt lié aux épreuves émanant de la volonté de Dieu, tantôt justifiant sa présence à la malveillance humaine. Aussi, quiconque l'attrape tombe sous la malédiction divine. Cependant, nombreux reconnaissent, en effet, que par sa manifestation le virus nous rend tous vulnérable et touche, de manière individuelle ou collective, toutes les couches de la population (jeunes, adultes, riches et pauvres).

Son ampleur au niveau de notre pays serait une création malveillante du gouvernement congolais cherchant à justifié l'obtention de Fonds alloué aux pays dépourvus des moyens pour la riposte de l'épidémie. Car, la Covid-19 était taxée de souche européenne. C'est une maladie des blancs, de par leur provenance et du fait que celle-ci ne s'est attaquée que aux ''Hommes Riches'' parce que détectée, dès son apparition à Kinshasa, à la Gombé, un quartier abritant les nantis de Kinshasa

C'est ainsi que la Covid-19 a vite été identifiée à la grippe au regard des symptômes qu'elle présentait et à la manifestation contextuelle. Aussi, au-delà des supputations sur une éventuelle découverte d'un traitement miracle préconisé et proposé par certaines recherches, notamment le remède trouvé à Madagascar et celui évoqué par nos chercheurs (en RDC), la chloroquine, la population congolaise a trouvé son compte dans l'utilisation des plantes médicinales de sa tradition. En plus de sa posologie, la population a fait recours aux pratiques anciennes (traditionnelles). Elle s'est soignée avec les plantes médicinales utilisées contre la grippe. Les plantes à multiples vertus et à usage préventive, notamment : les Lemba lemba, kongo bololo, feuilles d'avocatier, de manguier, de citronnier, de safoutier, la citronnelle etc. En dehors du traitement physique, la population a même préconisé le traitement spirituel. Pour elle, la prière serait la solution escomptée pour des maux et fléaux que la médecine moderne n'arrive pas à soigner.

2.2. Observations des mesures barrières

La société n'existe que selon les prérogatives définies dans sa mémoire collective qui organise l'ensemble de ses membres partageant les mêmes valeurs et aspirations. Cependant, à travers leur imaginaire peuvent se confectionner des manières qui, dans le temps et dans l'espace impriment le vécu quotidien opposable à tous pour la bonne gestion de ses membres, à travers lesquels se maintien l'équilibre de toute la société.

Aussi, la présence de la Covid-19 a bousculé nos mœurs, particulièrement dans les manières d'être et de faire. En effet, les spéculations autour de cette pandémie ont réanimé le sentiment de répugnance raciale. Les noirs africains ne se reconnaissant pas à travers cette pandémie ''confectionnée'' en Occident refusent l'observation de certaines mesures barrières qui ne communient pas avec leurs mœurs.

Les mesures barrières proposées par les autorités (les services publics) n'ont pas rencontré l'assentiment de la population. En dehors de la mesure relative à la fermeture des lieux (salles) funéraires dont la tenue récupérée astucieusement par la grande concentration de personnes, membres de famille et amis et connaissance du défunt dans les morgues, en lieu de 20 personnes comme l'a exigé le gouvernement. Les autres mesures barrières ont suscité des controverses telles que le port de masques, le confinement chez soi (qui a aggravé la crise économique incessante), la fermeture des débits de boisson qui a créé le système ''Levier'', l'interdiction des salutations par le contact physique, la distanciation d'un mètre. Tous ces interdits ont créé une psychose au sein de la population, qui s'est sentie abandonner (la peur d'attraper une maladie dont on ne maîtrise pas le mode de transmission, la sensation de vulnérabilité). Bien plus le manque des infrastructures appropriées pour le dépistage, et le manque de la prise en charge adaptée à la maladie ont généralement découragé la population quant à l'observation stricte de ces mesures

Par contre, ces mesures ont suscité une certaine créativité au sein de la population qui a créé et inventé des pratiques et systèmes pour contourner certaines contraintes, imposées, notamment le système ''Levier'. Il s'agit de dissimuler sous ses pieds la bouteille de bière et la boire sans éveiller l'attention des contrôleurs et policiers.

3. Le sens des pratiques acquises : Comportements et habitudes

L'homme est un être social partageant avec son semblable l'espace, les émotions et tous les éléments que renferme son environnement culturel. Aussi, pour transformer son comportement, il est important de se référer à ses éléments fondamentaux, lesquels, au niveau de son quotidien, façonnent ses habitudes. C'est ici qu'intervient la gestuelle soutenant les valeurs identitaires.

La crise sanitaire mondiale a brutalement mis en lumière la vulnérabilité et la fragilité des politiques de nos sociétés africaines basées sur l'extraversion systémique d'un modèle de vie calqué du monde extérieur. Aussi, la dépendance de nos politiques publiques a renforcé cette vulnérabilité. Alors, quelles sont les vulnérabilités révélées par cette crise sanitaire et quel modèle requis ou adapté pour les juguler ? Ces vulnérabilités ou faiblesses sont-elles de la même nature que celles constatées dans les pays occidentaux ? La crise du Covid-19, telle que vécue, présentement, par les congolais touche-t-elle la même catégorie des personnes et serait-elle comparable à celle de 1991 et 1993 lors des pillages de triste mémoire ?

La crise sanitaire a généré des retombées socioéconomiques très fâcheuses. Aussi, comment une situation avec incidences économiques a-t-elle eu à impacter les mœurs de nos sociétés? Cette dernière préoccupation qui se veut être le nœud de notre réflexion nous plonge dans le sens que revêt l'homme à travers son corps comme centre d'émetteur et récepteur des relations au corps.

En effet, en tant que « Emetteur ou récepteur, le corps produit continuellement du sens, il insère ainsi activement l'individu à l'intérieur d'un espace social et culturel donné » (Le Breton, 2018, p.4). Aussi, le questionnement proposé ci-dessus, nous donne l'opportunité de repenser un modèle socioculturel, qui investit du sens et de la signification, à partir de notre vécu qui définirait notre identité. Il s'agit de nos savoirs, savoirs faire et savoirs être, face aux enjeux des conflits et contradictions, qui plongent le monde dans une complexité de gestion d'événements dans le contexte de la mondialisation et modernisation. En effet, le repli identitaire sur soi de certains pays, à travers des discours séparatistes en vue de la protection de leur population démontre la gestion continue des systèmes politiques des pays sous le mode de la globalisation.

De ce fait, bien que n'ayant pas la possibilité d'obtention des principes pouvant rivaliser avec les systèmes évoqués ci-dessus, la Covid-19 est une opportunité qui nous est offerte pour réfléchir sur nos politiques dans tous les domaines et sur le sens à donner à notre vécu pour la définition d'un modèle identitaire.

Dans nos traditions, les gestes et pratiques sont des outils qui non seulement facilitent les contacts mais génèrent l'impulsion à la socialisation. Chaque geste et pratique renferme un sens qui se trouve être une acquisition d'un tout encrée dans l'individu. En effet, comme le reprend si bien Le Breton, « chacun de nous en venant au monde apporte sa mentalité à lui qui est la synthèse d'un nombre infini, de mentalités ancestrales. Ce qui pense et agit en lui, c'est l'innombrable légion des aïeux couchés sous terre, c'est tout ce qui a senti, pensé voulu dans la ligne infinie, bifurquée à chaque génération, qui rattache l'individu, au travers de millions d'années et par des milliards d'ancêtres, aux premiers grumeaux de matière vivante qui se sont reproduits ».(Le Breton,1998, p.7)

Dans cette perspective, il se produit une puissance infinie des ancêtres sur l'homme. A cet effet, « l'homme ne peut se soustraire, il ne peut changer les traits de son visage, il ne peut davantage effacer de son âme les tendances qui le font penser, agir comme les ancêtres ont agi et pensé »(Le Breton, 1998, p.7-8).

En effet, les aspects de la vie des sociétés locales subissent des contraintes au regard des influences qui ne sont pas nécessairement articulées sur leurs propres valeurs. C'est à ce titre que M. Godelier stipule en ces termes : « les sociétés ne peuvent être pensées ou analysées comme des totalités closes des ensembles finis, des rapports sociaux localisés, inaltérables, des totalités murées sur elles-mêmes par leur identité particulière et peuplées d'individus partageant les mêmes représentations et les mêmes valeurs, incapables d'agir sur eux-mêmes ni sur les rapports qu'ils entretiennent entre eux et avec la nature ».(Godelier, 2007,p.26).

Cette affirmation nous réconforte dans cette perspective de la reconstruction des habitudes et pratiques identitaires. Car, bien qu'affectées par des influences systémiques résultant du monde occidental, leur définition particulière reste source de la personnalité. Aujourd'hui le congolais est devenu extraverti, vidé de sa vraie identité par le fait que les pratiques auxquelles il fait recours exercent une grande influence sur son vécu quotidien. Aussi, notre ambition n'est pas celle de transformer ce monde qui à travers les nouvelles technologies de communication accuse une influence exacerbée sur l'individu, mais plutôt d'apporter notre contribution sur le relativisme culturel de notre temps par lequel se fonde la globalisation culturelle.

4. L'Impact de la Covid-19 sur les mœurs congolais : pratiques et gestes

4.1. L'Imaginaire social congolais face à l'épidémie Covid-19

Le changement de comportement au sein de nos communautés a toujours généré des controverses pour son appropriation effective allant jusqu'à causer un bouleversement systémique de nos traditions. En effet, le monde dans lequel nous vivons aujourd'hui est devenu très immuable au regard de ses exigences, notamment les nouvelles technologies de communication et de l'information souvent contraignantes au vécu de nos communautés.

-Par rapport au traitement

Les limites qui autrefois furent une exigence sont bafouées au profit d'une information à la portée de tous. Et pourtant, dans nos communautés le vécu quotidien « est le refuge assuré, le lieu de repères sécurisants. » C'est de là où l'individu « se sent protégé au sein d'une trame d'habitudes, de routines qu'il s'est créées avec le temps, de parcours bien connu, entourés de visages familiers. C'est là que se construit la vie affective, familiale, amicale, professionnelle, là que l'existence se rêve » (Le Breton, 2017, pp.149-150).

-Par rapport aux mesures barrières

Le monde s'est vu ainsi impliqué dans deux tendances épidermiques, notamment, la maladie traduite par l'épidémie de la Covid-19 ainsi que la psychose créée par la peur. La croyance fondée sur les imaginaires a gagné sur la technologie dans son incapacité à venir à bout de la pandémie coronavirus. De manière individuelle ou collective, la population a préféré exhumer des pratiques en lien avec la médecine traditionnelle pour vaincre la Covid-19 à la différence de la médecine moderne qui malgré la haute technologie n'a pas pu, jusqu'à présent, trouver des réponses à cette maladie.

Le monde s'est ainsi retrouvé dans ce qu'on peut qualifier d'un Carême pendant lequel l'angoisse sanitaire dominait sur toute l'étendu du monde planétaire. Bien plus, les nouvelles conditions de vie, à travers les mesures barrières, ont transformé le vécu quotidien des individus ainsi que leur mode de socialisation. Aussi, la culture gestuelle des congolais était perturbée dans la mesure où en lieu des accolades les salutations verbales ont pris de l'ampleur. Dans cette perspective, la tribu Mongo peut nous servir de référence et modèle. En effet, chez les Mongo la salutation se réfère à une demande de bienveillance qui ne nécessite pas de se serrer les mains, mais plutôt une occasion d'adresse des paroles de louange, d'acquiescement, d'appréciation des bienfaits (des aïeux ou de l'Eternel).

5. Construction d'un nouvel ordre : la gestuelle

La construction d'un nouvel ordre ne fait pas nécessairement référence à l'inefficacité du système existant et dont l'application est fonction des pesanteurs extérieures, il s'agit plutôt de déconstruire les habitudes pour enfin les reconstruire à un niveau d'efficacité, de cohésion plus fort qu'auparavant. Cependant, cette entreprise fait face aux enjeux provoquant des conflits, aux contradictions et à la complexité que nous réserve le monde dans ce contexte de la mondialisation voire la modernité/modernisation. En effet, la déconstruction, telle expliquée ci-dessus, aide à trouver des nouvelles manières qui prennent en compte les valeurs identitaires.

Cependant, dans la pratique apparaît une certaine ambivalence quant aux manières d'application arrêtées par le gouvernement de Kinshasa et qui n'ont pas trouvé satisfaction dans le chef de certains membres de la communauté qui s'investissent dans les pratiques modernes de salutations, notamment l'accolade, le contact rapproché lesquels ne s'accordent pas avec le vécu tel que proposé par la tradition.

En revanche, le modèle de discipline, notamment, le lavage régulier des mains, le prélèvement de température dans les espaces publiques et la distanciation d'au moins un mètre furent des épreuves qui au-delà des pratiques ancrées dans la mémoire collective nécessitent un regard particulier en vue de la déconstruction qui permettrait la création voire la construction possible d'un nouvel mode gestuel.

Aussi, que les pratiques improvisées, le lavage régulier des mains (hygiénisme) par exemple, ne deviennent pas un système qui empêcherait les individus à mieux vivre mais plutôt des habitudes qui entrées dans nos mœurs vont œuvrer à une meilleure socialisation des gestes de l'hygiène. Socialisé dans l'altruisme, le confinement et les funérailles à la sauvette (la mort dans la solitude, dans le chagrin, loin des membres de famille), n'ont fait qu'accentuer le besoin de rapprochement rappelant un modèle réfléchi et adapté au contexte.

Que conclure

Au regard de ces différents moments vécus, la Covid-19 ne serait-elle pas un mécanisme dictatorial dont les gouvernements du monde, chacun de sa manière tire profit ? Bien plus, la manipulation des informations autour de la pandémie serait elle une privatisation de la connaissance scientifique à des fins mercantiliste ? Face à cette situation, quelle est la place des pays non occidentaux dans ce processus et programme déclencheur de positionnement des Nations ? La réponse à toutes ces préoccupations se retrouve dans le dilemme entre Liberté et Sécurité. En effet, ces pratiques n'ont rien d'étonnant aujourd'hui car fondation du monde des préoccupations. Mais, l'important est que les faits vécus, en corrélation avec les pratiques acquises nous livrent des données déclencheurs des valeurs identitaires. Sinon nos communautés ne seront plus les notre car dépouillées de leurs représentations culturelles.

Références
- Doja, A,. *Naître et grandir chez les Albanais : La construction culturelle de la personne, harmattan, 2015.*
- Godelier, M,. *Au fondement des sociétés humaines*, Albin Michel, 2007, P.26.
- Le Breton, D, :Imaginaire sensoriel du racisme. Odeur de l'autre, in *Anthropologie sensoriel ; le sens dans tous les sens*, L'Harmattan, Paris, France 1998, p.7.
- Le Breton,D,. idem,, 1998, pp. 7-8.
- Le Breton, D,. *La Sociologie du corps*, Que sais-je, 10ème éd., PUF, France 2018, p.4.
- Le Breton, D. idem, p.52.
- Le Breton,D,. *L'Anthropologie du corps et modernité*, PUF, Quadrage 7ème éd., France 2013, pp. 149-150.
- Le Breton, D,; *La sociologie du corps* PUF/Humensis, 2018.

Documents :
- -Le Nouveau Petit Robert, Paris, 1993.
- -Dict.N. P.R , Paris, 1993, p.1139.

« Nzambe asepeli te »

La Covid-19 et polarisation langagière à Kinshasa

Par Delphin KAYEMBE KATAYI

Introduction

L'acquisition de la langue parlée, pour la communication, constitue l'un des exploits à réaliser par le petit enfant auquel les aînés veillent à côté de la marche en bipédie. On comprend pourquoi les railleries s'en suivent lorsque cet apprenant trébuche ou commet des fautes langagières. Parvenir à bien parler et à comprendre l'autre dans sa communauté est vu comme un bond qualitatif dans ce long et pénible processus de socialisation et d'inculturation.

Et l'un des savants en sciences sociales[1] a souligné l'importance de la langue comme un des fondements de la socialité. En effet, communiquer ne doit pas se limiter sur les aspects d'échanges des paroles, des messages entre individus ou groupes sociaux. La langue, avec tout ce qu'elle véhicule, sert également de support aux valeurs en vigueur dans une société ; présente dans toutes les sociétés et cultures connues, l'existence des interdits de langage participe de cette logique. On ne dit pas n'importe comment n'importe où, voulons-nous insister.

---

[1] Lévi-Strauss, *Anthropologie structurale*, Paris, Plon, 1962.

Afin d'apaiser l'inquiétude des esprits et l'appréciation des stratégies dans la maîtrise de la situation, il est d'observation que l'avènement d'une surprise appelle toujours le recours à des supports existants dont la langue. Celle vécue en République démocratique du Congo (RDC) avec la Covid-19 n'a pas échappé à cette constance. Qu'est-ce qui peut être retenu de la communication langagière à la suite de cette crise sanitaire mondiale ?

La réponse à cette question fonde l'économie de la présenté étude ; une étude qui n'a pas la prétention d'avoir procédé à l'observation de longue durée que requièrent les canons de la discipline anthropologique[2]. Néanmoins la présente restitution s'inscrit dans la logique de : « témoin au sens premier du terme, à la fois celui qui voit et celui qui souffre, celui qui expérimente le décalage entre plusieurs mondes, mais obéissant à un impératif de connaissance. (…) en se rendant étranger à soi-même pour appliquer le raisonnement ethnographique aux mondes sociaux dont l'ethnographe est le plus proche[3]. »

Outre cette introduction, l'étude se dévoilera en trois principaux points. Le premier met des étiquettes sur le contexte général de la RDC. Le rappel de ses grandes calamités en constitue le deuxième point ; tandis que le troisième et dernier point se prononce sur la polarisation langagière. C'est-à-dire sur ce que la Covid-19 aura été capable de féconder en termes d'expressions et habitudes. Une conclusion, assortie de quelques leçons apprises, la termine.

---

[2] Philippe Laburthe-Tolra et Jean-Pierre Warnier, *Ethnologie et Anthropologie*, Paris, PUF, 2003, p. 382.
[3] Stéphane Beaud et Florence Weber, « Le raisonnement ethnographique », in Serge Paugam (Sous dir.) *L'enquête sociologique*, Paris, PUF, 2014, p. 237) pp. 225-246.

1. L'étiquetage sanitaire de la RDC

Ce premier point se charge de survoler quelques traits caractéristiques de cet immense pays. Un Etat qui donne du fil à retordre à tous ceux qui rêvent d'y séjourner pour un voyage d'affaire. Autant de potentialités inexploitées dans bon nombre de domaines. Sa place et son histoire dans les évènements mondiaux, sont des premiers aspects qui seront esquissés. Ensuite viendra sa triste réalité situation sanitaire.

Il s'ensuit que l'état de délabrement des formations sanitaires demeure une réalité indéniable. Dans les localités où les prérogatives de l'Etat s'exercent aléatoirement, notamment dans les milieux où elles se résument en la présence d'un fonctionnaire qui vit son affectation comme une corvée. Pour lui, la tentation de l'invasion est grande. En conséquence, au lieu qu'il s'investisse activement dans l'amélioration de la situation, il se voit hanté par le réflexe de l'entame de nouvelles démarches pour la réaffectation dans un milieu urbain. C'est ainsi que, faute des moyens conséquents de l'Etat, toute intervention d'où qu'elle vienne est bien accueillie en dépit du sempiternel décalage entre les prévisions et les réalisations.

Par tout ce qu'elle représente en potentiel, son exploitation est décidée à mille lieux de là. Tous les domaines dits stratégiques pataugent face à la rapide évolution que certains pays sud-asiatiques, ayant vécu des situations similaires rivalisent d'ardeur depuis des décennies.

Ayant adopté des formes plus subtiles et modernes (les exonérations à l'importation et à l'exportation), ce qu'un journaliste à la présidence décrivait en son temps semble avoir des répercussions néfastes sur le quotidien qui signent l'existence de « l'Etat néant ». A cet effet, il s'étonnait en ces termes :

« A-t-on déjà entendu parler de financement réussi des fermes, des sociétés de transport ou d'autres activités industriels ? A-t-on jamais entendu parler du nombre des chômeurs ? Mais qu'un chômeur, pour survivre, décide d'aller acheter des produits à l'intérieur, il trouve sur ce qui reste des routes du Bas-Congo et de Bandundu que personne ne songeait à réparer, des péages illégaux installés par des militaires armés, tous les trente à cinquante km. A ces péages les chauffeurs de camions versent environs 30.000 NZ en mars 1996. Souvent, les passagers qui emplissaient ces véhicules destinés aux marchandises débarqués individuellement pour une somme déterminée, avant de remonter abord, l'un après l'autre.[4] »

Restons dans le contexte de la santé pour y épingler certains de ses aspects qui signent son état végétatif. Partant de la liste des morbidités des populations africaines cela ne fait plus l'objet de discussion par ses dirigeants politiques. Car l'entretien du mythe de toujours aller se faire soigner à l'étranger explique tout le malheur qui subsiste dans ce domaine. Des soins de santé à l'étranger, les acteurs politiques, presque tous, scandent frénétiquement l'excellence et le sérieux de la prise en charge dont ils sont bénéficiaires, eux, et leurs dépendants directs ; alors que les efforts pour améliorer, à l'interne, ce secteur pâtît dans l'inertie, car cramponnés à l'aide extérieure.

---

[4] Thy René ESSOLOMWA, N., ea, L., *La fin d'un Zombie*, Kinshasa, Génaféd, 2005, pp. 16-17.

1.1. Triste réalité sanitaire

Depuis que l'euphorie de l'accession à l'indépendance avait gagné l'ensemble de ces territoires, la santé tient encore du miracle[5]. Même dans le secteur de transport, c'est un miracle qu'un véhicule à usage commercial circule pendant une journée sans être rançonné plusieurs fois[6]. Ce n'est plus un secret pour personne, et les responsables commis à des hautes fonctions en sont bien conscients, même si la volonté pour y remédier peine à poindre à l'horizon. Pour plus d'illustration, le diagnostic posé sur l'une de ses composantes essentielles convie plus au pincement des dents. Dans cet extrait, le Secrétaire Général à la santé, s'appuyant sur la position géographique de la République, regrette et fustige entre les lignes en même temps le laxisme de ses acteurs, en ces termes :

> Cette situation facilite les entrées des médicaments à travers plusieurs portes qui ne sont pas toujours licites. Ainsi, le risque de circulation des médicaments illicites à travers le pays est très élevé. (…) la nouvelle politique nationale (…) s'effectue dans un environnement pharmaceutique dérégulée. La dérégulation du secteur pharmaceutique est caractérisée entre autres par l'absence d'un système efficace de suivi de la qualité des médicaments à la fabrication, à l'enregistrement, à l'approvisionnement et pendant la distribution ; l'absence d'un système et d'une procédure de collecte permanente d'échantillons destinés à l'analyse dans un laboratoire de contrôle de qualité et l'absence d'un

---

[5] PERSYN P., et LADRIERE, F., « A Kinshasa, la vie tient du miracle : Nouvelles approches en santé publique », in T. TREFON (sous dir.), *Ordre et désordre à Kinshasa. Réponses populaires à la faillite de l'Etat*, Paris, L'Harmattan, 2003.
[6] Thy René, *op cit.*, p. 19.

système de suivi de l'efficacité des médicaments et de collecte des effets secondaires[7].

Il s'ensuit que l'état de délabrement des formations sanitaires demeure une réalité indéniable. Dans les localités où les prérogatives de l'Etat s'exercent aléatoirement, notamment dans les milieux où elles se résument en la présence d'un fonctionnaire qui vit son affectation comme une corvée. Pour lui, la tentation de l'invasion est grande. En conséquence, au lieu qu'il s'investisse activement dans l'amélioration de la situation, il se voit hanté par le réflexe de l'entame de nouvelles démarches pour la réaffectation dans un milieu urbain. C'est ainsi que, faute des moyens conséquents de l'Etat, toute intervention d'où qu'elle vienne est bien accueillie en dépit du sempiternel décalage entre les prévisions et les réalisations.

Dans ces conditions, on ne peut guère s'étonner que le système de santé congolais se maintienne à ce bas niveau de performance. Ouvrir la boîte de pandore risque de nous plonger dans des considérations historico-politiques qui rendent responsables les premières missions caritatives à l'origine de l'actuel système de santé. Levons le voile sur l'un de ses piliers qu'est le budget. La part qu'il représente dans le budget national, trahit à la fois le manque de volonté et l'une des causes de sa fragilisation. Une petite illustration de la période (2007-2011) peut être fort éclairante.

---

[7] PNLP, « Faire Reculer le Paludisme » Contrôle de qualité 2007-2011, Kinshasa, Juin 2007, pp. 5, 19.

Evolution du budget alloué (en franc congolais) au Ministère de la Santé Publique en RDC (2003 à 2006)

Libellé	2003	2004	2005	2006
Budget global du pays	334 629 891 724	528 333 000 000	806 169 429 000	1 039 561 000 000
Budget accordé à la santé	16 394 063 465	28 671 595 376	35 936 413 659	41 848 168 202
Pourcentage alloué à la santé	4,90%	5,43%	4,4%	4,03%
Budget exécuté	9 012 975 111	9 355 927 078	19 676 548 930	18 756 844 993
Taux d'exécution du Budget accordé	54,98%	32,63%	54,75%	44,82%

<u>Source</u> : Ministère de la santé publique, *PNLP-Plan stratégique 2007-2011*, p. 23.

La lecture de ce tableau permet de constater le manque d'intérêt, qui se traduit par une part modique, mais aussi son taux d'exécution qui n'atteint jamais le maximum (100%). La grosse part, quant à elle, est affectée aux frais de fonctionnement dudit ministère, en lieu et place du renouvellement des infrastructures de base. Les équipements, la formation du personnel, et bien d'autres prérogatives dites régaliennes, font l'objet de plaidoyer auprès des bailleurs bilatéraux et multilatéraux ; et leur présence est saluée à juste titre comme c'est le cas dans cet extrait :

> (…) avec les interventions des bailleurs des fonds dans certains programmes spécialisés, des améliorations notables sont signalées. Ce sont notamment : une

meilleure comptabilité, une plus grande transparence et des mécanismes de reddition de comptes plus rigoureux, une meilleure qualité des soins et une plus grande réactivité des prestataires de services, l'amélioration des infrastructures et des systèmes d'approvisionnement, le renforcement des capacités des ressources humaines et le renforcement des systèmes de suivi-évaluation[8].

Avec ce qui vient d'être effleuré, il y a lieu de reconnaître que l'étroitesse de la présente étude ne nous permet pas d'arpenter ce secteur en profondeur. Tel ne fut d'ailleurs pas le leitmotiv de ce point. Tournons-nous à présent du côté des calamités que la RDC éprouve dans sa chair.

2. Rappel des quelques calamités congolaises

Fixons-nous à l'avance sur ce qu'on entend par *calamité*. Le Larousse, par exemple, lui donne un contenu à triple réalité suivante :

- un malheur ;

- une catastrophe ;

- un désastre[9].

Outre la pertinence de ces précisions, il nous semble qu'un aspect important n'est pas signalé. En effet, de toutes ces acceptions, on se rend compte qu'elles ne font pas allusion aux

---

[8] Guillaume KIYOMBO Mbela, KONDE N, MIMBORO M et compagnie, *HIV et renforcement des systèmes de santé : l'expérience de la RDC*, Amsterdam, KIT Royal Tropical Institute, octobre 2011, p. XIII.
[9] Le Larousse, *Dictionnaire français*, 1998.

causes de ces états. C'est ainsi que nous formulons l'hypothèse selon laquelle une calamité serait liée à des conséquences des pratiques sociales. Celles-ci ne seraient pas venues d'un hasard de l'histoire ; l'homme aurait une part non négligeable. Cela est d'autant plus vrai même s'il est la principale victime.

Nous pouvons épingler 3 calamités qui frappent la RDC de plein fouet. Il s'agit des malheurs biologiques, des catastrophes naturelles et du désastre congolais lui-même. Au propre comme au figuré, ces connotations se vivent de manière concomitante. A y voir de près, il n'est pas biaisé de considérer que l'Afrique, dans bon nombre de ses provinces, où les travaux d'anticipation de ces évènements inhérents à toute société humaine, ne s'exécutent que pour occasionner l'euphorie autour d'un individu qui n'a entre autres ambitions que de se fossiliser au pouvoir. Car le moment de sa mise à l'écart, le verdict populaire ira jusqu'à rappeler à sa mémoire qu'il appartient à une autre planète. Par conséquent, ses traces doivent être effacées.

2.1. De l'homme congolais

Nous abordons ce deuxième point consacré aux calamités congolaises connues de tous, en prenant appui sur l'utopie de Kâ Mana. En effet, cet auteur assimile les systèmes politiques qui ont régenté la vie des congolais depuis des lustres comme des maladies. Il écrit :

> … il faut que naisse un nouveau type d'intellectuel, un type qui rompt le lien ombilical avec le néocolonialisme, avec le mobutisme et avec le kabilisme comme des maladies de notre société[27].

Porteur de la culture sur et dans son corps physique, l'homme congolais problématique est celui qui entre en conflit tant latent qu'ouvert avec l'éthique. C'est l'homme qui se remet rarement en question pour répartir sur le bon pied.

Indexons ici l'homme moyen en politique et le public acquis à sa cause. Le premier, de par ses émotions et goûts personnels, veille à l'instauration d'un contexte social qui provoque constamment des frustrations tant internes qu'externes, une véritable politique des catastrophes ou des crises[10]. A l'interne, on en juge par rapport à la maturité politique de la population à s'organiser autour d'un idéal commun. Puisque c'est en Afrique, les velléités d'étouffement des voix discordantes conduit presqu'inéluctablement à des contestations armées. A cause des coups de force perpétrés pour accéder au sommet de l'Etat, les hommes politiques travaillent activement à l'exclusion de la majorité du mieux-être. Une population meurtrie, vassalisée à merci, et érigée en danseurs affamés, sans perspective d'avenir.

Des tels hommes, faute d'une éthique suffisamment informée, excellent dans de demi-mesures, et, sacrifient la redevabilité sur l'autel de leurs intérêts égoïstes. C'est ainsi que, qualifiant ses anciens compagnons-libérateurs, des conglomérats d'aventuriers, loin d'être une anecdote, l'ancien président de l'AFDL avait bien résumé le profil de ceux qui, à un moment crucial de l'histoire de notre pays, ont bénéficié des services des collaborateurs internes, et contribué à affaisser l'espoir placé en eux. Vraiment des aventuriers!

2.2. Des calamités naturelles

En ce qui concerne les réalités naturelles vécues comme des calamités, empressons-nous de dire que ce n'est ni plus ni moins une fatalité. Les glissements des terrains, le réchauffement

---

[10] Thy René, *op cit.*, p. 23.

climatique, les inondations, et bien d'autres aléas, ne peuvent en aucun cas être considérés comme relevant d'une exclusivité africaine ou congolaise. Sous d'autres cieux, c'est même pire. Il suffit de signaler les fréquents Tsunami en Indonésie, les cycliques tremblements des terres au Japon, et la manière dont ces différents gouvernements s'activent courageusement pour faire face autant que faire se peut. Et ne pas s'offusquer de l'attitude alarmiste et attentiste qui caractérise le politique congolais invite sérieusement à l'exorcisme.

Disons-le, l'absence de volonté politique doublée de l'impunité instituée en critère prépondérant pour transiter d'une institution à l'autre, exacerbe la vulnérabilité du Congo. L'auto construction, la violation des textes règlementaires en matière d'exploitation de la flore comptent parmi les facteurs dégradants du couvert végétal congolais. L'entrevoir autrement, c'est conforter la théorie du bouc émissaire institutionnel, qui postule l'idée de la sanctification du responsable et l'indexation des subalternes, à la base de la non atteinte des résultats escomptés.

2.3. Des maladies

Puisque la santé au Congo tient du miracle[11], que faut-il attendre d'un homme politique qui n'a jamais entrevu les problèmes sociaux en termes des programmes, quand lui-même fonctionne sous le régime de l'urgence et de l'instable. Instabilité d'être évincé au profit d'un autre. Il se voit alors autorisé à se constituer une réserve d'oxygène pour faire résister pendant la période la vache maigre.

Faisant un rapprochement des sous points à peine esquissés, on s'installe au cœur des causes des pathologies qui rongent la

---

[11] PERSYN P., et LADRIERE, F., *op cit.*

population de toutes catégories sociales confondues. En effet l'insalubrité est la voie par excellence à toutes sortes des maladies des mains sales. Cela ne peut certes étonner. La salubrité environnementale constitue une bonne barrière à bon nombre des maladies dont la liste ne peut qu'être longue.

La figuration de la RDC parmi les pays fragiles sur le plan de la santé[12] est agitée comme un plaidoyer devant les bailleurs des fonds. Un profil qui avilit.

3. La polarisation langagière à la suite de la Covid-19

Les études consacrées à la Covid-19 se trouvent encore dans les laboratoires des scientifiques. Etant un sujet d'actualité, nous sommes certains qu'après un temps assez court, les angles d'attaque fourmilleront dans tous les sens. Puisque les axes s'affinent, le nôtre, encore informe, a privilégié celui du langage. Il s'inscrit dans le constat programmatique de Dell H. Hymes, lorsqu'il écrit : « à tous les niveaux de la vie, les hommes parlent, échangent et communiquent13. » Comme on peut s'en rendre compte, cette phrase convie plus à considérer que l'échange des messages demeure une activité au cœur de la vie sociale. Comment le contraire serait-il envisageable car, un silence, même imposé dans un groupe humain, constitue un message ?

Il est vrai que, dans toute communauté humaine tant qu'elle n'est pas encore réduite en ruine, ses habitants s'échangent des messages. Et l'évocation des calamités ci-haut demeure un de ses hauts lieux où la parole est libérée avec vigueur. Lors de la tenue des ateliers d'évaluation, de plaidoyers ainsi qu'au cours des campagnes de sensibilisation, les responsables se fourvoient pour se

---

[12] Waldman, R., *Health in fragile States, Country Case Study : Democratic Republic of the Congo, Arlington, BASICS/USAID, 2002.*

faire entendre afin d'attirer l'attention des décideurs d'une part, et de la communauté tout entière d'autre part, sur une question jugée cruciale et bénéfique pour tout le monde.

Jamais une mobilisation, outre celle due au corona virus n'avait concerné autant des secteurs. De la présidence de la République au dernier habitant de Kimbanseke, en passant par les institutions du pays, des nouveaux vocabulaires se sont frayé des espaces jusque-là insoupçonnés dans le quotidien des congolais. Suivant un certain nombre des considérations, nous en glanons quelques-uns avec leurs corollaires dans le domaine de la communication langagière.

Ainsi parmi des nouveaux vocabulaires qui ont enrichi la litanie des langues vernaculaires congolaises, se trouvent les suivants : l'état d'urgence sanitaire, la vaccination, les précautions, et le confinement. L'ambition nourrie de ce dernier est celle de démontrer comment ces vocables ont alimenté exponentiellement l'activité de communication des congolais.

3.1. L'état d'urgence sanitaire

Situation exceptionnelle dans un Etat, l'état d'urgence se décrète lorsque l'invasion par une armée étrangère est attestée. C'est une décision à prendre par le Président de la République, après concertation avec les autres institutions notamment l'Assemblée Nationale et le Sénat. Celui lié au corona virus fut décrété en date du 25 mars 2020.

En dépit du fait que la mesure visait la préservation de la contagion à d'autres provinces à partir de Kinshasa, la capitale a vécu un des moments sombres de son histoire. Avec le ralentissement des activités économiques, la population, les hommes politiques en ont profité pour se livrer à une bataille cathartique comme à l'accoutumé. Des analystes politiques ont envahi les plateaux des télévisions pour appuyer ou exhiber leurs mécontentements vis-à-vis de cet état des choses. Les tweets ont circulé dont l'un a épinglé, dans le langage kinois : « *eza* affaire *ya lokotro* » ; « coop ».

Cependant, personne ne pouvait s'imaginer qu'un jour les avions, les véhicules et autres moyens de transports pourraient être frappés d'interdiction pour traverser les frontières inter-provinciales avec des passagers à leurs bords. Un tel arrêt officiel a dans un premier temps, fait frémir les usagers et après, tout le reste de la population potentielle bénéficiaire indirecte.

Des espaces qui, d'habitude, grouillent de monde : lieux de culte religieux, bars, restaurants, universités, parlement-debout, etc ont été sommés de réduire leurs rassemblements au strict minimum. Un silence économique, religieux, politique, académique s'est accompagné aussi d'une forte activité langagière sans précédent au sein de la population. Les rumeurs ont enflé allant dans le sens de la théorie du complot ; c'est-à-dire de l'extermination de l'homme Noir par l'homme Blanc. Des messages n'ont pas tari dans les réseaux sociaux ; des échos et images en provenance des épicentres du corona virus où les ravages ont sévi sans commune mesure, et ont fermenté à leur manière les discussions entre pairs. Mais la levée partielle de cette décision a enregistré une sorte liesse populaire chez les habitués des bistrots et autres lieux de tolérance.

3.2. La vaccination

Se situant dans la même veine que le précédent point, l'annonce de la vaccination de la population congolaise, au motif que la RDC serait candidate au nouveau vaccin, a soulevé même un tollé de réactions à l'échelle du continent noir. Tout ce qui s'est raconté à l'échelle mondiale allant dans le sens du néomalthusianisme médical, à l'encontre de la population africaine, a contraint le secrétaire du comité de lutte contre le Coronavirus à se dédire. Ce, après avoir compris que cette prise de position politique ne devrait être observé que chez les politiques.

Non contente de cette annonce, la population, à travers les zones de santé rurales, a barré la route à des jeeps malgré les logos et les plaques d'immatriculation qu'elles arboraient. Ces engins ont rebroussé chemin avec toute leur cargaison. En revanche, c'est la vaccination de routine qui a été impactée à cause de ce rejet généralisé et, a contraint le ministère de tutelle, alors que c'est traditionnellement la charge du Programme Elargi de Vaccination (P.E.V.), à signer le communiqué en faveur de la vaccination destinée aux enfants de moins de 5 ans. A défaut de cette reprise, le calendrier vaccinal était déjà compromis.

La colère d'une africaine contre l'épidémiologue congolais, ne s'est exprimée avec euphémisme, lorsqu'elle l'a convié à « ne livrer uniquement que les membres de sa propre famille à cette immunisation » car, argumenta-t-elle, aucun autre africain n'est prêt à accepter cette mort collective programmée à l'avance. Encore une fois de plus, l'angoisse s'est emparée de la masse jusqu'à réserver des commentaires très hostiles à cette pratique qui, d'ordinaire, les relais communautaires s'en occupent sans forte résistance hormis celle à laquelle ils sont habitués, à savoir : les adeptes de l'église des Noirs et les 'baba' ou apostolo.

C'est au cours de cette période que la place de l'Afrique, en tant que terrain d'essai des laboratoires occidentaux et orientaux, a été portée à la connaissance du grand public. Toutes les divergences y ont été enregistrées. Celle qui confortait la malléabilité des politiques qui ne voient dans cette grande incertitude l'opportunité de se refaire économiquement. Prendre position en faveur de la vaccination massive, même si elle n'a plus eu lieu suite à l'hostilité de la population, a alimenté à sa manière des diatribes acerbes. A cet effet, le recours à la pharmacopée locale a compté parmi les stratégies d'autodéfense. Sa popularisation s'est accompagnée d'une intense activité communicationnelle sans précédent.

3.3. Les précautions

Les précautions ou mesures préventives face à une quelconque pathologie compte parmi les premiers conseils que le personnel médical prodigue. Et la population à risque demeure la principale cible. Ils s'étendent à toute la population si le risque représente une réelle menace pour tout le monde. Dans le même temps, la frange de la population, qui s'est déjà infectée, est appelée à observer une ascèse stricte pour éviter des nouvelles contaminations ou des surinfections ; ce qui, vraisemblablement risque de fragiliser davantage son système immunitaire et précipiter fatalement l'inévitable.

Pour le cas de la Covid-19, il semble que les deux orientations se concurrençaient dans l'arène sociale. Comme personne ne pouvait savoir qui est déjà infecté ou non, la sensibilisation partait d'abord de l'idée qu'il fallait se prévenir, par le port des masques faciaux (ou cache-nez), se laver fréquemment les mains, ne plus se tendre les mains en guise de salutation, observer une distanciation sociale d'un mètre ; tandis que pour tout celui ou toute celle qui pouvait tousser, avoir une température corporelle au-delà de la normale, devait se rendre auprès d'un personnel médical ou appeler un numéro vert afin que les équipes mobiles du comité en charge de la Covid-19 viennent l'évacuer pour une prise en charge appropriée.

Dans un tel environnement sanitaire, déjà fragile[13], devenu encore plus incertain, tous ses refuges devenaient imprenables. Le confinement s'est avéré la mesure phare pour couper de manière drastique la chaîne de contamination à une large échelle. Encore ici, l'activité communicationnelle s'est invitée sur toutes les lèvres en évoquant l'impossibilité de son succès face à la présence d'une population pauvre dont la description, par Lye Mudaba, laisse perplexe :

Kinshasa, en effet, nous semble résumer toutes les utopies, toutes les illustrations, tous les drames mais aussi tous les espoirs typiques d'une ville d'Afrique : promiscuité explosive du passé et du présent, émergence de catégories sociales dirigeantes sur base de l'accumulation primitive capitaliste et sur base du salariat, fracture sociale entre la ville et la campagne, prolétarisation et paupérisation extrêmes des masses laborieuses ; mais aussi résistance à l'enfermement sociopolitique et à la manipulation du discours officiel dominant, résistance qui a abouti souvent, au moment où personne ne le prévoyait, à des flambées de violence incontrôlables[14].

Afin d'insister en faveur de l'observation du confinement, un des artistes musiciens[15] l'a immortalisé par une chanson dans laquelle il imputait la cause de cette maladie au manque d'amour et de solidarité parmi les humains. Ainsi, « Nzambe asepeli te », équivaut à une punition infligée par Dieu contre notre égoïsme. Du reste, le confinement est passé dans l'imaginaire populaire comme

---

[13] Waldman, R., *Health in fragile States, Country Case Study : Democratic Republic on the Congo*, Arlington, BASICS/USAID, 2002.
[14] Lye Mudaba Yoka, *op. cit*, p. 44.
[15] Il s'agit de Koffi Olomide ; dans cette chanson, la Covid-19 est présentée comme une punition divine, et que seuls le confinement et une bonne repentance (sincère) seraient la clé, car même les pasteurs, selon lui, ne disposent pas d'antidote approprié contre elle.

une réalité symbolisant la précarité, l'absence de perspective, une excuse polie.

Conclusion

Les occasions quotidiennes qui participent à la profusion langagière dans une communauté donnée sont nombreuses. Du fait seulement de considérer l'accalmie qui caractérise l'après l'occurrence de l'inattendu, le rebondissement qui s'ensuit donne à voir la propension à la recherche de la vérité du pourquoi. Le vide ou le chaos apparent qui s'invite, se dissipe.

Ainsi est-il de la survenue des calamités, aux premiers abords, instaure le tâtonnement dans le chef des victimes et de leurs proches ; et à force de vouloir comprendre les causes, la langue utilisée contribue à renforcer les mesures préventives susceptibles d'armer les locuteurs contre la situation indésirable. D'où la production des énigmes et boutades de toutes sortes.

Ainsi que nous venons de le démontrer sommairement, toutes les calamités qui se sont déclarées tant en Afrique qu'en RDC, ont impacté indubitablement le quotidien des populations. La Covid-19, outre la peur et la psychose qu'elle a engendrées en si peu de temps, elle a encore alimenté des concepts qui enrichissent le parler kinois. Des concepts, qui, pour la plupart, alertent sur la précarité qui s'accentue au même rythme que la dégradation des conditions de vie de la population.

Voilà une occasion que le législateur devait se saisir afin de règlementer un secteur vital de par son essence, mais aussi par rapport à son apport dans le combat qu'il doit livrer contre les brebis galeuses. Car si le maintien du nouveau rituel de l'accompagnement de ceux qui nous devancent, se déroule désormais dans un climat faste, limitant ainsi des palabres des dettes après l'enterrement ; c'est un indicateur fort de l'allègement du poids sur une population qui n'a que trop souffert

Bibliographie
- Dictionnaire Le Larousse, 1998.
- Kä Mana, *La R D. Congo est à inventer. Entretien avec Freddy Mulumba Kabuayi, Kinshasa, Editions Le Potentiel, 2008, 47.*
- Lye Mudaba YOKA, *Kinshasa, signes de vie*, Tervuren, Cahiers Africains n°42, 1999.
- MINISTERE DE LA SANTE PUBLIQUE-PNLP, *« Faire Reculer le Paludisme » Contrôle de qualité 2007-2011*, Kinshasa, Juin 2007.
- PERSYN P., et LADRIERE, F., « A Kinshasa, la vie tient du miracle : Nouvelles approches en santé publique », in T. TREFON (sous dir.), *Ordre et désordre à Kinshasa. Réponses populaires à la faillite de l'Etat*, Paris, L'Harmattan, 2003.
- Philippe Laburthe-Tolra et Jean-Pierre Warnier, *Ethnologie et Anthropologie*, Paris, PUF, 2003.
- PNLP-*Plan stratégique 2007-2011*, p. 23.
- Stéphane Beaud et Florence Weber, « Le raisonnement ethnographique », in Serge Paugam (Sous dir.), *L'enquête sociologique*, Paris, PUF, 2014, pp. 225-246.
- Dell H. Hymes, *Ethnographie de la communication*,
- Waldman, R., *Health in fragile States, Country Case Study : Democratic Republic on the Congo,* Arlington, BASICS/USAID, 2002.
- Hymes, D. H. (ed.), Language in culture and society: A reader in linguistics and anthropology, New York, Harper & Row, 1964.

Crise sociétale et perception de la réalité en République Démocratique du Congo

Par Samuel TUMBA LUPUA YEMEY

Introduction

Dans cette étude nous voulons établir un rapport d'influence et de circularité dialectique entre la crise sociétale et la perception de la réalité. Le cadre de la réflexion est la République Démocratique du Congo, ce gigantesque pays de l'Afrique Centrale aux dimensions continentales qui, depuis sa mise en chantier par la Conférence de Berlin de 1885 à nos jours, est toujours en crise. Cette dernière n'est pas seulement socioéconomique comme on le penserait. Elle est aussi sociétale.

En effet, les frustrations, les stresses, les humiliations, les exactions, les souffrances. etc., dont les populations congolaises ont été victimes depuis L'Etat Indépendant du Congo, le Congo-Belge, l'indépendance, le Zaïre et la République Démocratique du Congo actuelle, ont fait de ce pays, si pas une prison à ciel ouvert, du moins, une caverne. Nul ne peut soupçonner le niveau de traumatisme et de déconstruction de l'ipséité collective des Congolais dans ces conditions lesquelles n'ont pas épargné leur perception de la réalité. Celle-ci est désormais tributaire des états mentaux, des émotions et du grégarisme soit politique, philosophique, linguistique, mystique ou religieux, surtout dans le chef de ceux qui sont généralement identifie comme le pouvoir, l'opposition et la société civile ici représentée par les leaders religieux, ces trois catégories constituant la crème des acteurs sociaux les plus influents dans le pays.

Bien d'études ont été faites sur la crise au Congo, ses causes et ses corollaires. Dans les limites de cette contribution nous en mentionnons les quatre ci-dessous a titre représentatif :

1. Déjà en 1984 l'archidiocèse de Kananga publiait la troisième édition de « Chemins de libération », un livre écrit par Monseigneur BAKOLE Wa ILUNGA dans lequel il fait un réquisitoire sur la difficulté et la précarité de la vie menée par la population zaïroise ; une vie sans dignité, sans respect et sans honnêteté, entrainant une crise des mœurs. Causée par les passions de richesse, de plaisir et d'orgueil, les gens s'y sentaient coinces de tous cotes, opprimes par toutes sortes de forces du mal en eux et dans la société. Ce mal-être, malaise et ras-le-bol qui constitua la problématique de son ouvrage axe sur la « Libération » à laquelle tous aspiraient, comme cri spontané qui sortait du cœur de beaucoup. (1984, p.9).

2. La Faculté de Théologie Reformée au Kasaï, qui s'est muée en Université Protestante Sheppard et Lapsley au Congo (UPRECO), qui nous a vu commencer notre aventure scientifique et académique comme assistant en 1987, organisera ses premières journées scientifiques du 13 au 17 Avril 1992 à Kananga autour du thème » LA BIBLE, LA CRISE ET LES TENSIONS SOCIALES AU ZAIRE ». A partir de l'anthropologie biblique l'homme y est perçu comme un être régulièrement en crise mais mort au Zaïre. Il s'agirait donc d'une crise anthropologique globale. De plus, au-delà de

l'exploitation de quelques sujets à caractère biblique, patristique et socio-ecclésial, pour donner la saveur théologique au forum, la crise et les tensions sociales au Zaïre ont été aussi reconnues comme des éléments essentiels de la croissance humaine et de la créativité utopique. (R.T.R.Z. N01, 1992)

3. Le politologue et professeur Georges Nzongola NTALAJA ne pouvait être plus détaillé dans sa présentation de l'histoire de l'économie politique de la RDC dans sa récente publication intitulée « Faillite de la gouvernance et crise de la construction nationale au Congo-Kinshasa. Une analyse des luttes pour la démocratie et la souveraineté nationale », publie en 2015 aux éditions ICREDES. Il décrit les vicissitudes du peuple congolais depuis l'Etat Indépendant du Congo à nos jours. Son analyse situe la cause principale de la crise congolaise dans l'absence d'une gouvernance effective et démocratique, c'est-à-dire, la fragilité de l'Etat et de ses organes politiques, économiques et sociaux, la captation de celui-ci par des gouvernants sans légitimité.

La liste de ceux qui se sont penchés sur la crise sociétale congolaise n'est pas exhaustive mais toutes ces réflexions seraient incomplètes et inadéquates si la causalité de ladite crise n'est pas établie d'une manière sure. En effet, les passions de richesse, plaisir ; les conflits régionaux instrumentalisent par la Communauté Internationale, l'absence d'une gouvernance effective et démocratique, telles sont les quelques causes sus-évoquées, qui seraient à la base du pourrissement de la situation au Congo, surtout dans sa partie Est.

Toutes ces causes sont valables et enrichissent la réflexion sur la question d'après diverses perspectives. Notre étude est allée au-deçà de ces causes pour en déterminer la fondamentale qui serait, à notre humble avis, la *causa causarum*, en l'occurrence, la perception de réalité. Ce disant, le mérite de cette réflexion sera d'avoir mis à nu l'ingrédient fondamental dont le pays est carence et sans lequel l'Etat congolais, mieux la nation congolaise, n'a pas de contenu ontologique en tant qu'agrégat social. La perception de la réalité de la RDC et en RDC constitue une matière impérieuse qui peut et doit intéresser les chercheurs patriotes dans le sens de puiser dans l'histoire congolaise des idées ou l'archéologie congolaise du savoir pour dégager une weltanschauung réelle, authentique, propre à la nation. Ainsi cette vision du monde constituerait la matrice idéique et idéologique de l'être-au-monde et de l'être-ensemble-des Congolais comme citoyens d'un pays situe et servira d'une catégorie herméneutique, un ensemble des codes et filtres culturels, une grille d'interprétation, un garde-fou, une fontaine d'où jaillirait l'utopie du pays. Ainsi la science s'en trouvera augmentée, les Congolais cesseront d'être des hommes et femmes assimiles et seront rétablis dans leurs ipséités individuelle et collective.

L'ambition de cette contribution est de pointer du doigt une sorte de perversion de l'angle d'incidence dans la perception de la réalité. Il s'agit de soupçonner, sans être totalement freudien dans le cadre de l'anthropologie cognitive, une dimension à la fois affective et pathologique dans les comportements, les discours, les analyses et les prises de position, dans le chef de la crème des acteurs sociaux influents en RDC, notamment : le pouvoir, l'opposition et la société civile représentée par les leaders religieux. Surtout catholiques et protestants.

Notre thèse est qu'il existe une influence réciproque entre la crise sociétale et la perception de la réalité par l'esprit au Congo. La perception de la réalité du pouvoir, de l'opposition et de la société civile congolaise est irresponsable et non patriote car minée par l'affect et motivée par les intérêts sectaires. Elle cause une situation de mal-être, malaise et ras-le-bol à laquelle tout le monde s'habitue à la longue et produit une nouvelle perception de la réalité biaisée.

Notre démarche consiste à examiner la perception de la réalité de trois groupes d'acteurs sociaux congolais, notamment : le pouvoir, l'opposition et les leaders religieux sur dix réalités choisies par rapport à la structure, l'organisation et le fonctionnement de la société en vue d'évaluer s'ils comprennent le contexte et les enjeux de ces réalités prises ici comme évènements ou activités en comparant les résultats de ces perceptions par rapport aux résultats escomptes. Apres le contexte de notre étude, nous commençons par expliquer quelques concepts-clés de notre sujet et les connotations respectives qu'ils revêtent dans ce travail, ensuite nous analysons la perception de la réalité en RDC selon le schéma ci-haut et le résultat de notre recherche que nous discutons en dernier lieu avant une conclusion générale.

1. Contexte

La République Démocratique du Congo est le plus grand pays de l'Afrique Centrale et des pays des grands lacs. Peuple de presque 80 millions d'habitants dont la majorité est constituée de la jeunesse, le pays s'étend sur 2.345.000 Km de superficie. Ce territoire regorge des innombrables minerais importants surtout ceux qui sont identifies comme stratégiques comme l'uranium, le coltan, le lithium, le plutonium, le cobalt,etc. Théâtre de plusieurs conflits et guerres depuis son indépendance. Le développement technologique actuel du monde compte sur le sol congolais pour son avenir. C'est ainsi qu'il est devenu le terrain de prédilection des règlements des comptes entre grandes puissances, multinationales, prédateurs de tous bords et politiciens sans citoyenneté.

Ce faisant, tous les yeux étant braques sur les richesses de la RDC, malgré des discours diplomatiques très prometteurs, aucun pays n'entend donner du temps a la RDC pour s'organiser et s'autodéterminer. L'on surveille toutes les personnes qui ont des discours nationalistes et patriotes ou des initiatives citoyennes pour les étouffer dans l'œuf. Les élites intellectuelles, les leaders ecclésiastiques et la classe politique qui pouvaient constituer le bastion même de la défense des intérêts de la nation se sont vendus au diable pour laisser infiltrer leur pays parles étrangers, les aider a occuper des positions d'autorité dans les institutions de l'Etat, des entreprises publiques, les universités, l'armée, la police, les services secrets, l'administration du territoire, la diplomatie, et même les églises. Cette trahison a consacré l'exploitation cruelle des minerais du pays et l'extermination systématique des populations de l'Est du pays en les remplaçant par des immigres des pays limitrophes.

Comment les congolais sont-ils tombés si bas au point de participer activement et ouvertement a l'inanition de leur propre pays ? En dépit de l'alternance enregistrée a la tête du pays il est des politiciens aides par des professeurs d'universités qui tiennent mordicus à garder le statu quo. Pour expliquer cet état des choses d'aucuns blâment, les Américains, les Belges les Français, les Chinois, Mobutu, Laurent Désiré Kabila, Joseph Kabila, Kagame, Museveni,etc. Peu ou pas des chercheurs congolais se posent des questions ontologiques sur l'existence réelle de la RDC en tant qu'un Etat, une Nation, et de l'être ou l'identité des congolais en tant qu'humains et citoyens d'un pays souverain. La population est ainsi abandonnée a elle-même car carence des *leaders* clairvoyants, conscients et responsables.

2. Définitions de quelques concepts clés

Etant donnée par la mobilité du langage humain, chaque mot ou concept en tant que symbole et abstraction d'une réalité physique ou métaphysique nécessite une explication de son emploi dans un contexte donné de sorte qu'en l'utilisant comme signifiant l'on puisse en saisir le signifie. Car, la réussite d'une recherche dépend de la façon dont on conceptualise clairement et comment les autres comprennent le concept qu'on utilise. Il s'agit de définir quatre concepts et deux expressions suivants : crise, sociétale, perception, réalité, crise sociétale et perception de la réalité.

2.1. Crise

Le concept « Crise » vient du latin crisis et du grec krisis. De la racine grecque krino qui signifie : séparer, déterminer, juger, condamner, le vocable « crise » signifie : « le changement d'une maladie qui indique la guérison ou la mort ; l'état décisif des choses, un moment ou une affaire a atteint son apogée, et doit se terminer ou subir un changement important ; un tournant ; une conjoncture » (The New Webster Encycopedic Dictionary of the English Language, 1977, p.203). Aussi, « Crise », dérivant du verbe grec *krinein* qui signifie : séparer » est un (une) point (situation) décisif (ve) ou cruciale, un tournant. Une condition instable dans les affaires politiques, internationales ou économiques ou un changement brusque ou décisif. Un changement soudain dans l'évolution d'une maladie aigue soit vers l'amélioration ou la détérioration. Le point dans une histoire ou un théâtre ou les forces hostiles sont dans un état d'opposition la plus tendue. » (The American Heritage Dictionary, second College Edition, 1982, pp.340-341).

Fort de cette sémantique donnée par les deux dictionnaires de la langue anglaise il s'avère que le concept « crise » réfère à un phénomène qui n'est pas un statut mais un état ou une condition des choses. Sa nature est celle de l'imminence, la soudaineté, la brusquerie et parfois la surprise. Elle est caractérisée par l'acuité et l'instabilité de la situation, l'imprévisibilité de ce qui peut advenir, lequel crée l'inquiétude et le suspens. Elle peut, en effet, déboucher sur une amélioration de la situation, c'est-à-dire, un développement positif ou une porte vers la fatalité. C'est pourquoi toute crise requiert un sens aigu de lucidité, réalisme et responsabilité, pour agir à temps et efficacement. C'est exactement ce qui transparait des différentes significations du verbe « séparer » que nous donne *The American Heritage Dictionary*, entre autres : désunir, disperser, espacer, différencier, discriminer, distinguer, démêlage, de combiner, divorcer, licencier, détacher, déconnecter, dissimuler. (Ibid., p.1118). Ce faisant, lorsqu'il y a crise il faut une action de tamisage de la situation pour disjoncter et désagréger les éléments vecteurs de la confusion et de l'instabilité.

2.2. Sociétale

Le terme sociétal dérive de la racine du mot latin *societas*, en français « société » « Sociétale » est un adjectif qualifiant le nom « société » qui signifie : » ce qui concerne la structure, l'organisation et le fonctionnement de la société » (The American Heritage Dictionary, supra, p.1160). A la question : » Qu'est-ce qui est sociétal ? » Frederic WORMS répond que c'est ce qui se rapporte aux conceptions de la société en général, surtout du point de vue des questions des mœurs ou des valeurs, et finalement, de la vie humaine (WORMS, 2017) De plus, le Dictionnaire Larousse en ligne renseigne que « sociétal » est un adjectif qui a le sens de « ce qui se rapporte aux divers aspects de la vie sociale des individus, en ce qui concerne une société organisée.»(Dictionnaire Larousse en ligne, consulte le 11 Février 2020).

En définitive, ce qui est sociétal est philosophique et anthropocentrique du moment qu'il est question de la vie de l'homme en société dans toutes ses dimensions écologiques et cela dans une société paisible sur plan fondamental, c'est-à-dire, une société qui est déjà d'accord « sur le cadre social et politique commun, des vérités factuelles et scientifiques de base et communes » (WORMS, loc.cit.). Il demeure une curiosité dans la saisie adéquate du sens de l'adjectif en cause, celle de déceler la relation entre le sociétal et le social ou si le sociétal existe tout seul isolé du reste. C'est par la négative que Frederic WORMS répond à cette interrogation étant donné que tout débat sociétal, dit-il, se fait dans la société et à propos des relations sociales -c'est d'ailleurs ce qui fait son enjeu – et, aussi longtemps que les idées ou les conceptions de la société orientent la vie de tous, le sociétal déborde sur le politique et le légal (Ibid.). Donc, le sociétal et le social se recoupent. Ce qui nous permet de mieux appréhender la notion de la crise sociétale.

2.3. Crise Sociétale

Différents auteurs ont donné des orientations qui aident à comprendre ce qu'est une crise sociétale. Pour Paul FUSTIER par exemple une crise sociétale se manifeste par des nombreuses situations de « mal-être » ou de « ras-le-bol » dont les médias se font les porte-paroles » (2013, pp.93-98). Utilisant la métaphore du laboureur proposée par Mercea ELIADE dans laquelle le travailleur est déprimé parce que son travail a perdu son symbolisme religieux, sa spiritualité et sa ritualité, FUSTIER dit qu'il y a crise sociétale quand le travailleur, autrement dit le laboureur de notre société moderne, exécute un travail qui a perdu son sens, dépourvu d'intérêt, il est devenu seulement exténuant et sans valeur. Il n'est que sa réalité matérielle vide de toute rémunération liée au processus puisqu'il est devenu opaque (Ibid.). En combinant ces deux approches on pourrait dire que la crise sociétale est un état d'instabilité, d'inquiétude, de confusion, de mal-être et de suspens, dans la conception de la société et l'orientation de la vie humaine.

2.4. Perception

Le terme « perception », du latin « *perceptio* » est, in stricto sensu, un substantif tiré du verbe *percepere* qui signifie : percevoir (The American Heritage Dictionary, supra, p.290). Percevoir est le processus, l'acte ou la faculté de percevoir. C'est un effet ou un produit de la perception. Au sens figure. Il est question d'une idée, d'une intuition, d'une connaissance, reçues en percevant ; ou encore, la capacité d'obtenir une telle idée ou connaissance (Ibid.). C'est avec intérêt que nous nous tournons vers la définition plus explicite que nous donne The New Webster Encycopedic DIctionary of The English Language sur le concept. En effet, du latin *perceptio, perceptionis, l*a perception est un nom qui réfère à un acte de percevoir ; un acte ou un processus mental qui fait connaitre un objet extérieur. Il est question de la faculté par laquelle l'humain perçoit l'environnement ou la réalité qui l'entoure.

3. La crise sociétale en République Démocratique du Congo

La question posée est celle de savoir quelle perception les Congolais ont de leur réalité collective et de quel Congolais s'agit-il? La crise sociétale en RDC se remarque surtout dans le dis-fonctionnement des institutions et des entreprises publiques, la désorganisation des services publics et le non respect des structures établies. Les recherches de Georges Nzongola NTALAJA, de Monseigneur BAKOLE Wa Ilunga ont à chaque fois souligné dans leurs communications les grands problèmes de la crise sociétale en RD Congo. Le dis-fonctionnement de l'appareil de l'Etat, la désorganisation et le non respect des structures établies sont les principales causes de cette crise sociétale. Nous avons pointé du doigt, dans un élan pathologique, le symptôme principal qui exprime et révèle ce qui convient d'être appelé « crise sociétale »en République Démocratique du Congo. En effet, pour Georges Nzongola NTALAJA ; qui appelle cette crise « *Faillite de la gouvernance et crise de la construction nationale au Congo-Kinshasa* », titre important d' un de ses ouvrages qui retrace l'histoire de l'économie politique congolaise depuis l' Etat Indépendant du Congo à nos jours (2015) ; la crise sociétale au Congo est désignée d'abord comme « une crise de la décolonisation » du fait du combat acharné des Belges et des impérialistes de miner l'indépendance du Congo avec une main mise néocoloniale sur l'économie et les appareils de l'Etat, d'une part, et la détermination des nationalistes congolais de jouir pleinement de leur indépendance, de leur liberté et de la souveraineté de leur pays, d'autre part. Nous pensons que cette tension latente s'est perpétuée et pérennisée jusqu'à nos jours. D'où le dis-fonctionnement, la désorganisation et le non respect des structures établies. Il ressort de ses analyses que les conflits armés, diplomatiques, politiques et géostratégiques, sont à la base de la crise généralisée et l'instabilité dans la région des Grands Lacs, lesquelles ne peuvent garantir un fonctionnement harmonieux, une organisation ou une bonne structuration, de la vie nationale. Il convient de préciser que les protagonistes directs dans ces conflits agissent pour le compte et sous pression des puissances étrangères aux mamelles desquelles ils sont parfois tous nourris et qui en tirent des dividendes (2011, p.795). Et Georges N. NTALAJA d'ajouter : »Les gouvernements qui se sont succédés à Kinshasa depuis 1960 sont restés fidèles aux intérêts extérieurs, étant plus enclins à répondre aux exigences des grandes puissances mondiales et des institutions financières internationales qu'à satisfaire les aspirations du peuple congolais pour le bien être, la démocratie et la souveraineté» (2015,p.375).

La contribution de notre étude est d'avoir traduit dans des faits récents et une analyse schématisée de ce piège du néocolonialisme et de la prédation des richesses du sous-sol congolais, lequel piège est a cherché non seulement dans le trucage des lois et le plasticage des institutions, mais aussi et surtout dans l'homme congolais lui-même.

Conclusion

Ce que nous avons voulu montrer à travers ce document, ce que la crise de la Covid-19 a pointé ce qui depuis longtemps avait été relevé par les penseurs des problèmes du Congo. En effet, depuis la création de l'EIC à nos jours, les décideurs congolais n'ont pas créé des structures adaptées à sa population. L'homme congolais en général a du mal à se libérer de son statut d'un colonisé exécutant seulement les ordres de son maitre, ou flatteur des dictateurs par peur de la répression, un gain financier facile ou encore un suiveur aveugle. Ainsi, la perception de la réalité des acteurs sociaux est biaisée. Elle se fait avec des lunettes empruntées, avec des concepts, des langues, une culture, des codes et des filtres culturels, qui ne leur sont pas propres. Il y a donc la carence d'un projet de société digne de ce nom.

Bibliographie

- BAKOLE Wa Ilunga, M. ; *Chemins de libération*, Archidiocèse de Kananga, 1984.
- FUSTIER,P. ; Education spécialisée , repères pour des pratiques, Dunod 2013.
- NTALAJA, G. ; « *Faillite de la gouvernance et crise de la construction nationale au Congo-Kinshasa* », éditions ICREDES, 2015.

« cache-gorge » ou « cache-cou »

L'impossible et l'autre face de l' observation des gestes barrières contre la Covid-19 en RDC

Par Joseph MUSIKI KUPENZA, Aristide MANZUSI KETO et Protais MWEHU BITO

Résumé

C'est au mois de mars 2020 que la République Démocratique du Congo a enregistré le premier cas de Covid-19. Et depuis, le nombre de personnes atteintes n'a fait qu'augmenter. L'état d'urgence sanitaire a été décrété pour juguler l'évolution de cette pandémie en RDC. Des mesures de prévention ont été prises et afin qu'elles soient respectées, la Police nationale a été instruite pour assurer l'ordre dans l'application des mesures par la population. Mais à la cité ces mesures-barrières ne sont observées qu'en la présence de la police. De plus, l'Etat lui-même est incapable de mettre à la disposition de la population une infrastructure décente qui pourrait permettre aux Congolais de faire face à cette pandémie. En outre, la population du Congo Kinshasa ne croit pas à la maladie. Le Covid-19 semble une maladie imaginaire. Et si elle existait, elle est une maladie des autres, des Congolais de la diaspora, des nanties habitant les riches communes urbaines, une maladie des Blancs, des Chinois etc… Comme le montre les résultats de nos observations faites dans la commune populaire de Masina, la population n'est pas en outre bien sensibilisée, malgré les chansons sur les tonalités des téléphones et les affiches. Mais malgré Covid-19 a apporté aux habitants de Kinshasa quelques points positifs comme nous le montrerons dans ce document.

Introduction

Si La Covid-19 est une épidémie qui a atteint le monde entier, elle n'est pas perçue de la manière partout. Chaque peuple a sa façon de concevoir cette pandémie, les considérations culturelles et les conditions structurelles présentes dans le pays jouent un grand rôle. Les méthodes de prévention prônées par L'OMS, relayées par les autorités sanitaires et politiques sont connues aussi par bon nombre de Congolais. Mais leur application pose problème à cause de facteurs d'ordre économique et culturel. L'Etat congolais s'est aligné lui aussi à appliquer ces mesures. La population est obligée d'observer ces gestes barrières, mais elle n'a pas des moyens et du matériel pour en faire face. A Kinshasa par exemple, le cache-nez est porté pour tromper la vigilance de la police. En L'absence de la police, il est porté sous le menton ou au cou. C'est pourquoi dans le jargon kinois il est appelé « cache-gorge » ou « cache-cou ». Pour se laver les mains régulièrement avec du savon, il faut que l'eau soit disponible à tout moment et qu'on soit à mesure d'acheter le savon. Et pourtant, l'eau est une denrée rare à Kinshasa (Kayembe 2020: 23-37). Bien des ménages sont très pauvres. Dans le domaine de transport, ce sont des particuliers qui disposent des moyens de transport en commun. Les quelques sociétés que l'Etat tente de gérer, il le gère très mal et fonctionne à tâtons. Face à cette situation, l'observation des gestes barrières contre la Covid-19 devient un slogan creux.

Les recherches nous avons menées dans la commune populaire de Masina, Ainsi, notre réflexion est axée autour de deux points notamment, la situation socio-économique de Kinshasa, la Covid-19 et ses gestes barrières tels que pratiqués et perçus à Kinshasa.

1. Quelques caractéristiques de la situation socio-économique de la ville Kinshasa

Kinshasa est la capitale du Congo. C'est une ville très étendue. Comme capitale, elle concentre aussi la majorité des activités politiques, économiques et administratives du pays. La subdivision de la ville, en cité et ville telle qu'elle a été élaborée durant la période coloniale subsiste dans l'organisation de la ville. Il y a une juxtaposition entre un centre administratif et commercial, l commune de la Gombe, bordée des quartiers résidentiels et une périphérie composée des cités où habite la majorité de la population. Cette organisation urbaine focalise la majeure partie de l'activité économique dans une zone géographique. Quotidiennement une grande partie de la population active rejoint la commune de la Gombe pour y travailler. Cette situation entraîne une circulation intense le matin et le soir avec des embouteillages sur des infrastructures construites pour la plupart à l'époque coloniale et ayant atteint leur limite en termes de capacité. C'est pourquoi le confinement de le Gombe lié aux mesures sanitaires était vécu par bon nombre de Kinois comme la fin de leur vie. Il faut ajouter à cela un réseau de drainage et des ouvrages d'assainissement qui posent beaucoup de problèmes. La structure colinéaire des sites où sont érigés la plupart des logements favorise l'apparition des érosions qui menacent d'engloutir plusieurs quartiers. En conséquence, une grande partie du réseau routier est complètement détériorée et une autre est couverte carrément de sable ou de terre arrachée des collines ou provenant du charriage par les eaux de ruissèlement. Pour le transport en commun, le secteur ferroviaire dont la qualité s'est dégradée sensiblement est le système de transport le moins développé à Kinshasa. Couvrant 92 km, il relie Kinshasa à Kasangulu (Bas-Congo) et la partie interurbaine va de Masina à Kinsuka via Kitambo.

- **La pauvreté et le secteur informel**

Bon nombre de ménages de la ville de Kinshasa sont pauvres. La population de ladite ville est jeune puisque la moitié à moins de 20 ans et suivant les estimations du ministère du plan (2005) le chômage y est élevé. Le secteur informel non agricole est très développé (près de 1 millions d'emplois) à Kinshasa. On compte près de 875.500 unités de productions informelles kinoises concentrées essentiellement dans le commerce et les services. La santé, l'éducation et l'assainissement posent d'énormes problèmes. Le taux de mortalité infantile assez élevé. Par ailleurs, bon nombre des ménages ne sont raccordés ni à l'électricité ni à l'eau potable. Les services de santé ne sont pas suffisants. Quant à l'assainissement, peu des ménages kinois bénéficient des services publics pour l'évacuation des ordures. Ces indicateurs traduisent la précarité de la vie à Kinshasa.

Comme le secteur informel (agricoles ou non) représente la source de revenus la plus importante de la population des communes périurbaines et rurales, le taux de pauvreté plaide en faveur d'un appui spécifique au secteur informel (Musiki 2020:63-73; Pelende 2020: 87-97). La taille moyenne des ménages est un facteur déterminant des conditions de vie des ménages. Plus la taille du ménage est faible, moins celui-ci est exposé à la pauvreté et vice versa. Dans la province de Kinshasa, la taille moyenne des ménages pauvres est de 5 à 10 enfants. Alors que celle des non pauvres s'élève à 2 à 5 enfants. (Rapport BIT 2015). Il sied de noter qu'en Kinshasa bon nombre de personnes sont des chômeurs. Au sens du BIT, un chômeur est une personne â la fois sans emploi et disponible à travailler. Par ailleurs, la pauvreté dans laquelle vivent les ménages kinois est une situation structurelle et non conjoncturelle due essentiellement à la faiblesse du revenu d'activité. Ceci rejoint d'ailleurs, la perception des Kinois de leurs conditions d'existence qui pensent que le manque de travail apparait comme la principale cause de leur pauvreté (Rapport PNUD RDC, 2017).

Concernant l'éducation, malgré les mesures de gratuité prise par le gouvernement, un grand nombre d'enfants en âge scolaire sont déscolarisés. Du fait qu'à part les frais scolaires, les enfants doivent manger tous les jours er doivent être vêtus décemment. Dans la plupart des familles, ce sont ces enfants qui se débrouillent (vente de l'eau en sachet, des cacahuètes) pour prendre en charge leur famille.

En matière de santé, outre l'accessibilité géographique, la pauvreté limite donc l'accès à bon nombre de Kinois aux services de santé. On souligne que, en plus des médicaments qu'il faut acheter auprès des pharmacies, le service public de santé est payant en RDC, même dans les centres de santé de base.

- **L'hygiène et l'assainissement**

Concernant l'habitat, bien que la majorité des ménages déclare disposer de toilettes, il convient de signaler que la plupart de ces toilettes sont des toilettes arabes creusées à même le sol dans la parcelle. Il faut noter aussi que dans certains ménages, il n'y a pas de toilette. Ainsi, l'accès à l'hygiène et à l'assainissement est encore très bas dans bon nombre de communes de Kinshasa ; ce qui nuit à la santé et conduit à une forte morbidité.

2. Appliquer les gestes barrières à Kinshasa : un slogan

Pour lutter contre la Covid-19, plusieurs mesures ont été prises par les autorités sanitaires et politiques. Ces mesures sont dans la plupart des cas celles prônées par l'OMS notamment le lavage régulier des mains avec du savon, le port de cache-nez, la distanciation sociale, etc. Mais chaque geste est buté à ses difficultés quant à son application. C'est le cas par exemple :

- **Du port de cache-nez**

Parmi les mesures de prévention contre la Covid-19, le port de cache-nez est la plus plébiscitée. Ne pas porter le cache-nez est sanctionné par une amende. L'amende s'élève à 5000 Fc. Tout le monde n'est pas en mesure de s'en procurer. En réalité, c'est l'Etat qui devrait distribuer ces cache-nez. Mais lui-même n'a pas de moyens pour les distribuer à tous les Congolais. Chaque Congolais se débrouille à sa manière. Il y a de ceux –là au début qui ont même utilisé une partie de soutien-gorge de leurs femmes.

Pour faire appliquer cette mesure, la police a été mise en contribution. Mais paradoxalement bon nombre de policiers prestent sans cache-nez ; eux mêmes qui sont sensés servir d'exemple. Par ailleurs, ce cache-nez est dénommé « cache-gorge, cache-cou », une manière de se moquer de ce geste-barrière. Les gens le portent souvent en présence de la police. En l'absence de la police, il est mis soit dans son sac ou dans sa poche. Parfois on le porte sous le menton ou au cou. Le cache-nez devient une astuce pour tromper la vigilance de la police et non une mesure de prévention contre la Covid-19.

- **Les bars et les églises**

Les débits de boisson et les églises sont des endroits qui rassemblent bien des Kinois. C'est pourquoi ces lieux étaient fermés pendant le confinement. Mais le service dans les bars fonctionnait la nuit grâce à la lumière des téléphones. Et la prière rassemblaient toujours les gens, non pas dans des églises, mais dans les maisons des fidèles.

- **Le lavage des mains avec du savon**

Comme nous l'avons dit dans le premier point, bon nombre de ménages kinois vivent dans la précarité. Normalement c'est l'Etat qui devrait donner de l'emploi aux Congolais pour qu'ils aient des moyens de se procurer des biens de première nécessité. Les gens préfèrent acheter la nourriture que le savon. Même si les gens ont envie de se laver les mains régulièrement, mais avec quelle eau ? La REGIDESO est incapable de fournir de l'eau 24/24.

- **La distanciation sociale et le transport en commun**

La ville province de Kinshasa n'est plus la même. Il y a une explosion démographique. Chaque partie héberge plus de 10 personnes. Cette pléthore est due à l'afflux de la population venant des provinces en conflit et celle qui fuit la précarité dans leurs provinces d'origine. Que ça soit dans les bars, à l'école, à l'église ou dans la parcelle, la distanciation sociale est un slogan creux. Les Kinois dans la plupart des cas vivent dans la promiscuité. Aujourd'hui, la plupart des parcelles sont morcelées à 3 ou 4 parties.

Au sujet du transport en commun par exemple, il n'y a pas en République Démocratique du Congo, une politique nationale en matière de transport. Les quelques sociétés de transport en commun créées par l'Etat n'ont pas duré faute de mauvaise gestion. Pour se déplacer, les gens sollicitent le transport en commun privé. Curieusement, l'Etat qui n' a pas mis aucun moyen de déplacement pour la population, fixe le nombre de passagers à transporter, les itinéraires et le tarif des billets. Par carence de transport en commun, les gens pendant l'état d'urgence sanitaire continuaient à se déplacer comme d'habitude (pendant la nuit avec un nombre pléthorique).

- **La santé**

En matière de santé, bon nombre de Congolais friqués et des hauts fonctionnaires se font soigner à l'extérieur du pays (Belgique, France, USA, Suisse, Afrique du Sud…). Le gouvernement ignore qu'il doit doter les grands hôpitaux de la RDC des intrants pouvant permettre aux médecins de faire face aux épidémies à certaines maladies.

Comme le dit (Collignon et al., 1994), rien de tel en Afrique où, le plus souvent et pour la grande masse des personnes atteintes, la faiblesse des systèmes de santé ne permet pas d'assurer une prise en charge médicale correcte. Les structures d'accueil adéquates font presque partout défaut, de même que le personnel correctement formé et les médicaments essentiels qui pourraient permettre de soigner les maladie

Il est arrivé pendant la Covid-19 que tous les pays du monde ferment leurs frontières. Ce qui a poussé cette classe des Congolais précitée de fréquenter les établissements hospitaliers de la place. Et leurs femmes ont accouché pendant cette période dans les maternités qu'elles détestaient avant la Covid-19.

3. L'autre face de la Covid-19

En principe, la Covid-19 en tant que maladie ne peut réjouir personne. Dans la Philosophie bantu de Père Tempels, il est dit : « Les Bantu sont hostiles à tout ce qui diminue la vie (la maladie) et cherchent toujours ce qui le fortifie ». Mais dans cette section, nous allons curieusement parler des quelques points positifs que la Covid-19 a apportés à Kinshasa.

- **La diminution des maladies des mains sales**

Les gestes barrières tels que prônés ont diminué sensiblement certaines maladies dites des mains sales et ont changé foncièrement et positivement les mentalités de certains Kinois.

Le lavage des mains et le port de cache-nez ont atténué l'ampleur des maladies dites des mains sales et respiratoires pour ceux qui l'ont appliqué convenablement. Toujours avec l'observation, nous avons remarqué que peu de gens n'ont pas fréquenté les centres de santé. Non pas parce qu'ils ont manqué de moyen, mais c'est parce qu'ils ne sont pas tombés malades. Du fait que les aliments qu'ils ont consommés pendant le confinement étaient propres. D'habitude, les marchés de Kinshasa se font près des immondices. Les mouches qui pullulent dans ces immondices se posent sur les aliments et propagent des microbes qui provoquent des multiples maladies.

- **Diminution des bruits**

Pendant l'état d'urgence sanitaire, Kinshasa a vécu dans le calme absolu. Sans vrombissements des moteurs des avions, bruits assourdissants des bars et des églises ; sources de nuisance sonore à Kinshasa, la population dormait paisiblement et a été indemne de certains dangers qu'occasionne l'environnement sonore.

En matière d'éducation des enfants, seules les mères de famille assurent dans la plupart des temps l'éducation des enfants, les pères étant absents toute la journée ou toute la semaine (il y a des hommes qui travaillent nuit et jour et pendant toute une semaine et de rentrent à la maison que le weekend). Mais avec l'état d'urgence sanitaire bon nombre de ménages n'étaient plus monoparentaux. Les pères cette fois-ci par manque d'« activités », étaient obligés de suivre l'éducation de leurs enfants, rôle qu'ils sont obligés de jouer à tout moment.

- **Ce que corona nous apprend**

Les épidémies ont commencé à sévir l'humanité depuis les temps immémoriaux. Chaque épidémie a frappé l'humanité avec des conséquences jamais irréparables. Les maladies naissent et disparaissent. Certaines naissent et résistent au fil du temps. Après la Covid-19, une autre pandémie pourrait surgir les années à venir. Les hommes avertis ont tiré des leçons à partir de la Covid-19 qui a poussait bon nombre de pays à fermer leurs frontières. Il arriverait un moment où une pandémie très dangereuse que la Covid-19 frappe l'humanité. Dans cette situation, tous les pays du monde fermeraient leurs frontières pour des années. C'est pourquoi la République

Démocratique du Congo pour ne pas disparaître est obligée de promouvoir l'agriculture; réhabiliter et construire des hôpitaux modernes ; doter les hôpitaux en intrants modernes ; pérenniser certaines mesures barrières (lavage régulières des mains avec du savon, maintenir les nouvelles mesures sur l'organisation des funérailles) ; promouvoir l'exportation et diminuer les importations…

Conclusion

La Covid-19 qui sévit l'humanité n'a pas laissé en reste la République Démocratique du Congo. Pour lutter contre cette pandémie, chaque pays au moins a pris des mesures drastiques. Bon nombre de pays ont suivi les recommandations de l'OMS notamment le port de cache-nez, le lavage régulier des mais avec du savon, la distanciation sociale…Toutefois, en République Démocratique du Congo en général et à Kinshasa en particulier, ces mesures barrières contre la Covid-19 se sont heurtées contre le goulot d'étranglement d'ordre économique et culturel. Pour faire appliquer ces mesures, l'Etat avait mis en contribution la police nationale qui est obligée de le faire appliquer. En cas de non-respect de ces mesures, une amende était infligée au récalcitrant. Cette manière de faire appliquer ces mesures a créé ce que nous avons appelé l'ambivalence dans l'observation de gestes barrières contre la Covid-19. Au lieu que la population soit consciente que ces mesures sont pour sa protection, mais elle les applique pour tromper la vigilance de la police. Dans un autre registre, l'Etat qui est censé mettre à la disposition de la population tout ce qu'il lui faut pour bien lutter contre cette pandémie (distribution de gel alcoolique, de l'eau, de cache-nez.) est incapable de le disposer. C'est un heureux hasard si la Covid-19 n'atteint pas bon nombre de Kinois comme on le pensait parce que l'application des mesures barrières contre cette pandémie ne suit pas les consignes des autorités sanitaires et politiques.

Pour y parvenir, nous avons mené des observations auprès des personnes avec qui nous partageons la même commune, celle de Masina.

Bibliographie
- DUBOIS & VAN DEN WIJNGAERT L.1997, *Initiation philosophique*, Kinshasa, Editions Okapi.
- Kayembe,K.D. 2020, La Régideso en procès à Lemba. « Yango tozo kende wapi ! tii na mayi ? *In:* Le carrefour congolais nr3, *Pauvreté et initiatives instantanées du peuple congolais*, Kinshasa-Pays Bas: Kimpa Vita *pp.* 23-37.
- Musiki K. J. & Maningana M.D.2020, Les mamans Kingabua et la survie des ménages à Kinshasa. *In:* Le carrefour congolais nr3, *Pauvreté et initiatives instantanées du peuple congolais*, Kinshasa-pays Bas: Kimpa Vita, pp. 63-73.
- Pelende N. A. & Mpongo E.P. 2020, Les mamans Bipupola et survie des ménages à Kinshasa *In:* Le carrefour congolais nr3, *Pauvreté et initiatives instantanées du peuple congolais* Kinshasa-Pays Bas: Kimpa Vita pp. 87 -97.

Documents :
- Rapport PNUD RDC 2017
- RAPPORT BIT 2015

Covid-19 et l'apport du secteur informel dans la survie quotidienne les ménages congolais

Par Fiston MUSALUPASI

Résumé

Pendant l'état d'urgence proclamé en mars dernier comme mesure de protection conte la Covid-19, toutes les activités formelles étaient suspendues dans la société Congolaise. Même les fonctionnaires 'rémunérés' irrégulièrement étaient dans l'impasse. Suivant nos observations auprès de la population de Kitambo, à Kinshasa, les activités du secteur informel urbain, à l'exemple du petit commerce, la vente des pains, des cacahuètes, des légumes, qui dans tous les cas faisaient déjà vivre bon nombre de Congolais s'intensifièrent. Et comme une assurance vie, dans un pays où rien n'est prévu pour soutenir de manière structurelle la population lors des catastrophes naturelles. Elles permirent à beaucoup de personnes de pallier à la carence des revenus qui par ailleurs était inexistant. L'intensification des activités du secteur informel urbain durant la pandémie Covid-19 est une interpellation de l'Etat congolais. Elle lui demande de doit jouer le rôle de facilitateur pour ces initiatives de la base afin de les permettre de se promouvoir.

Introduction

La République Démocratique du Congo a enregistré le premier cas de Covid-19 au mois de mars 2020. Craignant le pire le président de la République a décrété l'état d'urgence sanitaire pour juguler l'évolution de cette pandémie en République Démocratique du Congo où les nouveaux cas étaient signalés par-ci, par-là. Plusieurs mesures de prévention ont été prises à cet effet notamment, le lavage régulier des mains avec du savon, la distanciation sociale, le port des cache-nez ainsi que la fermeture des établissements publics et privés. La Police nationale a reçu des prérogatives qui lui ont permis d'assurer le *monitoring* sur le respect de ces mesures barrières. Mais rien n'était prévu pour la compensation des travailleurs, pour la survie des Congolais en majorité sans emplois rémunéré ainsi que pour ceux qui se débrouillent pour assurer leurs besoins quotidiens.

Le secteur formel était au point mort. Pour faire face à la crise qu'a occasionnée la Covid-19, les gens devraient continuer à pratiquer ou à se convertir à la débrouillardise, malgré l'état d'urgence sanitaire. Quelque fois, les mesures étaient violées au profit de la survie. Ceux qui pratiquent le petit commerce (de la rue ou ambulant) continuaient leur métier même dans la clandestinité. L'Etat qui est obligé de pallier aux difficultés en cas de catastrophe ne semblait pas présent. Sans des initiatives individuelles du secteur informel, les Congolais, surtout ceux vivant en milieu urbain, n'allaient pas s'en sortir.

Cette contribution aimerait montrer la manière dont Kinois ont vécu la crise économique rendue encore plus large par la pandémie. Pour appréhender cette crise et les réponses de la population, nous avons mené des investigations dans la commune de Kitambo auprès des personnes qui pratiquent le petit commerce.

1. Quelques généralités sur le secteur informel

Le terme « secteur informel » a été utilisé pour la première fois par K. HART dans sa communication présentée en septembre 1971 à *l'Institute of Development Studies*, à l'Université de Sussex (Grande Bretagne). Il a été ensuite repris la même année dans un rapport sur le Kenya rédigé par les experts du Bureau International du Travail (BIT) dans le cadre du Programme Mondial de l'Emploi. Le « secteur informel » désignait pour le BIT toutes les activités s'exerçant généralement dans les milieux urbains des pays du tiers monde et caractérisées par la facilité d'entrée, le marché de concurrence non réglementé, l'utilisation des ressources locales, la propriété familiale de l'entreprise, la petite taille des activités, les technologies adaptées à forte intensité de travail et les formations acquises en dehors du système scolaire.

Depuis, les travaux sur le secteur informel se sont multipliés et plusieurs termes qui sont en fait de « faux synonymes » ont été utilisés comme équivalents de ce secteur à savoir : activité de survie, de transition, non exploiteuse ; circuit inférieur, artisanal ; économie de subsistance ; petite production marchande ; prolétariat ; secteur incontrôlé, inorganisé, intermédiaire, non structuré, préindustriel, transitionnel, tertiaire primitif ; économie non officielle, non enregistrée, non déclarée, submergée, clandestine, parallèle, alternative, souterraine, secondaire, marginale, périphérique etc.

Malgré cette multiplicité de concepts à contenus différents, on peut affirmer que le secteur informel n'est pas l'informe, ce qui n'a pas de forme mais plutôt ce qui ne correspond pas à des formes reconnaissables, à des modèles, ici aux modèles de la tradition et de la modernité (G. de VILLERS, 1992, p. 4). Il est un « phénomène social et culturel très général, celui du développement singulièrement en Afrique d'activités et pratiques à caractère atypique (ni ''traditionnelles'', ni ''modernes'' » (Ibidem, p. 2) ; il constitue « une dimension fondamentale du processus de changement socio-culturel en Afrique Noire » (Ibidem, p. 5).

Les activités informelles en République Démocratique du Congo (RDC) peuvent être classifiées selon plusieurs critères notamment selon la branche et le degré d'officialité de l'activité. Du point de vue de la branche de l'activité, on distingue entre les activités de production et les activités de service. Quant au degré d'officialité de l'activité, il existe des activités pratiquées au grand jour (le secteur informel localisé selon J. CHARMES) et les activités clandestines ou nuisibles (le secteur informel non localisé). S. MARYSSE distingue, quant à lui, trois niveaux du secteur informel à savoir l'informel de survie, la petite production marchande et les activités criminelles ou de spéculation. Pour sa part, R. MBAYA M. (2001, p. 4) estime que les micro-entreprises du secteur informel sont caractérisées par une dynamique à deux composantes : une composante qualitative et évolutive et une autre quantitative et involutive. « La première composante est que les micro-entreprises procèdent du souci de la rentabilité en même temps qu'elles répondent à une demande sociale et conduisent à l'expansion des unités économiques de production de biens et de services mieux organisées et, partant, performantes ou prospères. La deuxième composante, la plus en vogue dans nos milieux, fait que l'émergence des micro-entreprises relève du simple souci d'assurer la survie et la subsistance quotidienne du micro-entrepreneur et de son ménage en générant des unités économiques de production des biens et services de moindre importance et sans prospérité ».

Notons que le secteur économique purement formel ou informel n'existe pas. Tous deux entretiennent des relations d'interdépendance notamment sur le plan de l'approvisionnement de la main-d'œuvre, des matières premières et des produits finis. Ils constituent deux aspects complémentaires d'une même réalité économique.

1.1. L'impact de la Covid-19 et le secteur informel en RDC

L'Organisation Internationale du Travail dans sa note synthèse sur la Covid-19 examine de quelles manières on peut passer de l'économie informelle vers l'économie formelle et, enfin, recommande plusieurs mesures susceptibles de contribuer à atténuer les répercussions sociales et économiques de la pandémie de Covid-19 sur les personnes qui exercent leurs activités dans l'économie informelle, soit la majorité de la population congolaise.

L'essentiel de l'économie africaine est informelle. Les craintes des gouvernements de la région face à l'actuelle pandémie de Covid-19 sont sans doute exacerbées par le fait que la croissance récente résulte de la hausse des ventes de marchandises, de services et de produits manufacturés, y compris les produits de l'agriculture, des secteurs qui relèvent en grande partie de l'économie informelle. L'économie informelle recouvre toutes les activités économiques des travailleurs et des unités économiques qui en droit ou en pratique ne sont pas couverts ou sont insuffisamment couverts par des dispositions formelles. Le rapport du BIT (2018) indique que l'emploi informel est la principale source d'emploi en Afrique, y représentant 85,8 pour cent de l'emploi total. Autrement dit, loin de constituer un phénomène marginal, l'économie informelle procure des moyens de subsistance à une majorité de travailleurs et de travailleuses en Afrique. On relève néanmoins des disparités considérables au sein de la région selon le niveau de développement socio-économique et des différences dans les taux d'emploi informel. À titre d'exemple, le rapport indique que l'emploi informel représente 67,3 pour cent de l'emploi total en Afrique du Nord et 89,2 pour cent en Afrique subsaharienne.

L'OIT avait émis sa crainte pour l'Afrique car avec l'économie informelle, il sera difficile d'atténuer de manière efficace les effets de la pandémie de Covid-19. La raison en est que l'économie informelle en Afrique résulte non seulement des caractéristiques individuelles des acteurs, travailleurs et unités économiques qui la composent, ou de leurs motivations, mais également de la présence ou de l'absence d'institutions robustes et efficaces à même de diriger les économies, en général, et les marchés du travail, en particulier. Dans la plupart des régions du continent, l'environnement économique et institutionnel souffre de l'absence d'un cadre réglementaire adéquat, de modalités défaillantes en matière d'application de la loi, d'un système d'exécution faible et d'un manque global de transparence et de recevabilité qui incitent davantage les acteurs économiques à contourner les institutions publiques qu'à passer par ces dernières.

Mais, si l'économie informelle préoccupe les gouvernements, c'est avant tout parce que les travailleurs qui la composent sont vulnérables face aux risques de paupérisation, de faim et de maladie, en l'absence de couverture sociale et de mécanismes de soutien les protégeant en cas de perte de leurs moyens de subsistance. Parmi ces travailleurs, on trouve notamment des vendeurs ambulants, des transporteurs, des travailleurs domestiques, des maraichères et de nombreux autres, y compris des petits paysans des zones rurales ou péri rurales qui écoulent leur production sur les marchés urbains.

2. Les résultats de terrain

Vu l'évolution de la maladie à son début, le président de la république avait décrété l'état d'urgence sanitaire. Toutes les activités formelles étaient au point mort. Si la population a trouvé de quoi lutter contre la crise économique qu'a entrainé cette période de confinement, c'est grâce aux activités informelles exercées surtout par les femmes. Mais ceci n'est pas nouveau. Comme qu'a souligné dans les précédentes, au sujet du petit commerce, Musalupasi (2019) a montré que la femme urbaine en RDC, en particulier à Kinshasa, vent au marché ou sur le trottoir des quartiers périphériques populeux les produits agricoles traditionnels (farine ou cossettes de manioc, maïs, arachide, huile de palme, courge, piment, tomates, légumes, fruits, chenilles, poisson, viande etc.) et les produits manufacturés de consommation courante (produits cosmétiques et de beauté, chaussures, vêtements neufs ou usagés, wax, matériels scolaires, conserves, pétrole à lampe etc.). Elle s'approvisionne en produits agricoles notamment au port situé en ville, où elle va le plus souvent à pied, faute d'argent suffisant pour se payer le transport. Après avoir acheté ces produits, non sans tracasseries policières, elle doit les faire transporter dans un poussepousse jusqu'à domicile. Et lorsqu'elle ne connaît pas le pousse-pousseur, elle doit encore marcher derrière lui et parcourir jusqu'à 1 kilomètre ou plus, de peur de voir sa marchandise détournée. Arrivée à la maison très fatiguée et épuisée, elle doit encore remplir ses tâches domestiques quotidiennes. Elle pratique également l'agriculture urbaine ou péri-urbaine sur quelques espaces verts encore disponibles dans la ville ou dans la périphérie. Elle permet l'approvisionnement de plusieurs ménages en produits maraîchers (piments, tomates, aubergines, poireaux et autres légumes tels que les amarantes douces et amères, les feuilles de patate douce appelées « matembele » etc.).

Concernant les résultats de terrain, nous sommes rendu compte que malgré le confinement, les kinois continuaient à pratiquer le petit commerce, même ambulant. Les jeunes garçons continuaient à vendre de l'eau en sachet, des cacahuètes, des noix de cola… Les femmes vendaient des pains, des beignets, les légumes au coin des rues et les maraichers et les maraichères continuaient à pratiquer l'agriculture.

Plusieurs personnes qui étaient embauchées dans des entreprises privées étaient au chômage. Ce qu'il faut retenir, pendant l'état d'urgence sanitaire, l'Etat continuait à payer régulièrement ces agents. Mais dans le secteur privé, tous les travailleurs n'étaient pas pris en charge. Ils n'avaient plus droit au salaire. Car dans le secteur privé, le travail est égal au salaire.

2.1. Piste des solutions

Pour promouvoir le secteur informel en République Démocratique du Congo, l'Etat devrait jouer un rôle facilitateur, en accordant par exemple des micro-crédits aux personnes concernées par les activités informelles. Des lois devraient être promulguées pour la protection des personnes œuvrant dans le secteur informel. Quant la population, elle devrait s'acquitter de droit dû à l'Etat (taxe, impôts) mais aussi observer des gestes barrière afin de se protéger contre la Covid-19

Conclusion

Bon nombre de Congolais vivent grâce aux activités informelles. La débrouillardise est devenue la voie obligée pour assurer la survie des ménages. Même les fonctionnaires rémunérés par l'Etat sont obligés de cumuler les activités pour sortir de l'impasse. Pendant l'état d'urgence dû au Covid-19, toutes les activités formelles étaient au point mort. Ce qui a fait vivre bon nombre de Congolais est la débrouillardise. Le Covid-19 devient une leçon pour se rendre compte de l'importance des activités informelles que l'Etat est obligé à promouvoir par l'octroi des crédits aux Congolais qui se livrent au petit commerce pour assurer la survie des ménages en cas des catastrophes naturelles.

Bibliographie
- De VILLERS, Gauthier, « Petite économie marchande et phénomènes informels en Afrique », dans de VILLERS, G. (éd.), Economie populaire et phénomènes informels au Zaïre et en Afrique, Les Cahiers du CEDAF-ASDOC STUDIES 3-4 (1992).
- Fiston MUSALUPASI, 2019, La femme urbaine comme socle du développement socio-économique de la République Démocratique du Congo grâce au secteur informel, ED, Kinshasa.
- MBAYA Mudimba, Rémy, « Aspects socio-culturels de la pauvreté dans les micro-entreprises du secteur informel au Congo-Kinshasa», dans Développement et Coopération n°5 (septembre-octobre 2001).
- MUSALUPASI AGAD'AGWAWO FISTON, 2020, <<la femme urbaine comme socle du développement socio-économique en République Démocratique du Congo grâce au secteur informel, E.D. Kinshasa
- OIT, 2020, Les conséquences du Covid-19 sur l'économie informelle en Afrique et les mesures prises pour y faire face.
- rapport du BIT 2018.

« Colonel Elvis »
La Covid-19 dans le langage populaire des Congolais

Par Joseph MUSIKI KUPENZA

Résumé

Depuis que la République Démocratique du Congo a enregistré son premier cas de la Covid-19 au mois de mars 2020 dernier, le parler des Congolais a connu un foisonnement des termes utilisés pour designer la maladie. Colonel Elvis, *Kuluna ya ba* virus, *Mokolo ya bavirus, Nkolo ya bavirus* sont parmi ces mots que nous avons répertoriés. Suivant nos observations, ces termes témoignent de la manière dont les Congolais se positionnent face à l'épidémie. Ils expriment soit sa dangerosité, soit la banalisent, la minimisent ou encore il s'agit d'une expression de l'impuissance. A travers les conversations avec quelques interlocuteurs congolais nous avons, dans cet article, chercher à savoir les associations qu'ils donnent à ces mots en relation avec la maladie.

Introduction

Le nouveau Coronavirus SARS-Cov2 à l'origine de la maladie Covid-19 a été découvert pour la première fois en Chine dans la ville de Wuhan. Cette épidémie a atteint un niveau alarmant de contagion au point d'être proclamée pandémie par l'Organisation Mondiale de la santé. La République Démocratique du Congo n'est pas restée indemne. Elle a enregistré son premier cas au mois de mars 2020. Ce qui a poussé les autorités sanitaires et politiques de prendre des mesures pour lutter contre cette maladie.

Mais bon nombre de Congolais ne respectent pas ces mesures malgré que la police a été mise en contribution pour faire observer ces mesures. Pour comprendre l'attitude des Congolais face à cette maladie, nous avons capitalisé certains termes que les Kinois utilisent dans leur parler pour désigner la Covid-19. Nous nous sommes rendu compte que certains termes expriment la dangerosité de la maladie et d'autres par contre la minimisent son existence. Ceux qui sont appelés à coordonner la riposte contre cette pandémie (les médecins, les paramédicaux, les autorités politico-administratives, etc.) sont sensés connaître ces termes afin de comprendre la manière dont les Congolais perçoivent cette maladie pour agir avec efficacité.

Ainsi, notre réflexion s'articule autour de deux points, la perception de la maladie en République Démocratique du Congo à travers certaines dénominations que les gens utilisent, et ce que le sens que ces termes dévoilent comme positionnement des Congolais envers la Covid-19.

1. Les noms donnés à la Covid-19 par les Kinois et leur sens

«Colonel Elvis», «*Mokolo ya ba* virus», «*Nkolo ya ba* virus», «*Kuluna ya ba* virus», «*Maladi ya bato ya* Gombe», «*Maladi ya ba* Chinois», «*Maladi ya Bamindele*», «*Maladi ya ba* diaspora», ou encore, comme répertorié par Mathieu Avanzi (2020) : «coronabdos», «coronaboomeur», «wchatsupperos», «coronapero» sont des expressions auxquelles certains congolais recourent afin de désigner la Covid-19. De manière ces mots renferment un certain sens. Comme les recherches l'ont déjà montrées, les Kinois sont en général créatifs. Ils enrichissent leur vocabulaire en s'inspirant des évènements qui se passent autour d'eux par l'invention des mots nouveaux qui se sont incrustés dans l'usage quotidien des locuteurs de la capitale (Samuel Malonga et Albert Maketo Mbumba, 2016).

Le lingala kinois s'est beaucoup métamorphosé pendant les cinquante dernières années. Il a connu des influences tant internes qu'externes. Chaque décennie, des mots nouveaux voient le jour comme c'est le cas aujourd'hui. Les Congolais ont trouvé des termes pour la désigner la Covid-19. Certains termes comme nous l'avons dit, expriment la dangerosité de la maladie. D'autres par contre minimisent l'existence de la maladie. Certaines personnes qui ne croient pas en l'existence de cette pandémie vont jusqu'à dire que le gouvernement est en train de mentir, du fait que dans leur quartier, ils n'ont jamais perdu une personne à cause de la Covid-19. Ils ont vu le cadavre de ceux qui sont morts du sida et d'ebola, mais jamais le cadavre des personnes atteintes de la Covid-19. C'est pourquoi parfois le cache-nez n'est pas porté correctement ou n'est porté qu'en présence de la police qui exige une amende de 5000 Fc en cas du non port de cache –nez.

Voici les termes que nous avons recueillis auprès des interlocuteurs et sommairement le sens qu'ils y donnent. Il sont regroupés en eux catégories : ceux qui con sidèrent la Covid-19, comme un virus méchant et ceux qui expriment le doute au sujet de sont existence.

1.1. Les termes donnés à la Covid-19 comme un virus méchant

« Colonel Elvis »

Suivant plusieurs personnes interrogées, « colonel Elvis » est utilisé pour exprimer la dangerosité de la maladie. Ces termes sont empruntés du nom d'un policier à Kinshasa, Colonel Elvis dans le district de la Tshangu. Il est considéré à Kinshasa comme l'un des policiers qui ont atténué la délinquance juvénile dans le district cité. A son époque lorsqu'il fut colonel et en tête du district de Tshangu en matière de sécurité, le phénomène *kuluna* était atténué. Les criminels avaient peur de ce policier. Il avait rétabli tant soit peu l'ordre et la paix.

En l'appliquant à La Covid-19 le nom de colonel Elvis, on veut montrer comment corona est venu limiter la liberté des Congolais par le confinement et des gestes barrière. Ces mesures ont été considérées comme un moyen d'instaurer la discipline par analogie à la discipline qu'avait instaurée le colonel Elvis, qui faisait que les délinquants restent chez soi la nuit, de peur d'être arrêtés et transférés au parquet pour finir l'aventure à la prison.

Kuluna ya ba viru

Les *kuluna* sont des jeunes délinquants qui sèment la désolation à Kinshasa par les forfaits qu'ils commettent. De leur passage, ils raflent aux passagers les sacs à main, les téléphones, l'argent ou blessent à l'aide des machettes ceux qui n'obtempèrent pas. C'est pourquoi la Covid-19 qui sévit sans pitié est traitée de Kuluna.

Mokolo ya ba virus

Les termes *Mokoko ya ba* virus signifient le grand des virus, l'aîné des virus. La Covid-19 n'est pas le premier virus qui sévit en République Démocratique du Congo. Aujourd'hui, le VIH/ Sida semble tombé dans les oubliettes, du fait qu'une solution médicale est trouvée au moins avec les antirétroviraux qui allongent tant soit peu la vie des malades. Mais pour la Covid-19, il a été rapporté par les chercheurs que jusque-là, il n' y a pas des médicaments pour combattre cette maladie. Son traitement est asymptomatique. La rapidité avec laquelle elle a atteint le monde et a décimé des milliers des personnes l'a fait classer en première position par les Congolais.

Nkolo ya ba virus

Nkolo signifie Dieu. Il est le Tout puissant. Dieu est celui qui fait et défait les choses. Au-dessus de Dieu rien n'existe.

Par ces termes *Nkolo ya ba* virus les Congolais associent corona à Dieu. La Covid-19 est au-dessus de tous les virus. Elle peut décimer toute une ville comme Dieu l'a fait avec Sodome et Gomorrhe.

Nko ya ba virus

Nko signifie agir avec méchanceté, avec un esprit de vengeance. Il a été rapporté dans certains médias chinois que la Covid-19 est un virus fabriqué par les Américains pour mettre à genou l'économie chinoise qui ne cesse de galoper et de concurrencer celle des USA. C'est ainsi, pour se venger les Américains ont fabriqué ce virus, c'est le « *nko* ». Ce terme peut aussi designer la méchanceté. La Covid-19 est traitée de méchante, du fait que toutes les activités étaient suspendues à cause de confinement comme mesure de prévention. Les gens ne devraient pas vaquer librement à leurs occupations. Et surtout jouer et se distraire.

1.2. Le doute sur l'existence de la Covid-19

Les Congolais ne sont pas convaincus de l'existence la Covid-19. C'est pourquoi certains gestes barrière sont minimisés. Dans les lignes qui suivent, nous présentons quelques termes qui expriment le doute que certains Congolais ont vis-à-vis de cette pandémie.

Maladi ya ba **Chinois** *ou ya bamindele*

Pour certains Congolais, la Covid-19 est une maladie des Chinois. Il est reconnu à la Chine l'origine de cette maladie. C'est à Wuhan que cette nouvelle vague de Covid-19 a commencé pour se répandre à travers l'humanité.

A Kinshasa, certains Blancs ont été lapidés au début. Pour eux, ce sont les Blancs qui viennent avec cette maladie. Il était aussi dit par certains Congolais que cette maladie n'atteint pas les Noirs. Et ce virus ne résiste pas aux rayons solaires.

Maladi ya ba **Congolais** *ya* **diaspora**

Cela signifie que c'est une maladie des Congolais de la diaspora. Le premier cas de la Covid-19 enregistré en République Démocratique du Congo a été détecté chez un Congolais en provenance de la France. C'est le cas pour le deuxième et le troisième cas. Dans l'imaginaire de certains Congolais, cette maladie concerne les Congolais de la diaspora. Principalement les Congolais habitant la Belgique, l'Italie, la France et les Etats Unis d'Amérique.

Maladi ya bato ya **Gombe.**

Kinshasa est considérée comme l'épicentre de la maladie et la commune de la Gombe de Kinshasa est aussi considérée comme l'épicentre de la Covid-19. Elle fut la première commune à être confinée. Après la Gombe, la Covid-19 a atteint les communes de Mont Ngaliema et Bandalungua.

Ces communes sont considérées par bon nombre de Kinois comme des communes où habitent des familles aisées, des personnes qui ont des moyens, des personnes friquées. C'est pourquoi ceux qui habitent les communes péri-urbaines et rurales, le cas de la commune de Maluku, N'sele, Masina , Kisenso, Kimbanseke, etc. Pensent que cette maladie ne leur concerne pas, mais une maladie des autres, donc des personnes habitant les communes précitées.

Conclusion

La Covid-19 n'a pas laissé la République Démocratique du Congo. Les Congolais n'ont pas la même perception vis-à-vis de cette maladie. Certains pensent que cette maladie est imaginaire, d'autres par contre croient en l'existence de cette maladie. Pour comprendre ce comportement, nous nous sommes intéressés au parler kinois quant aux termes qu'ils emploient pour désigner cette maladie. Certains termes expriment la dangerosité de celle-ci, d'autres par contre doutent de son existence. C'est à travers l'audition des termes que les locuteurs congolais emploient que nous nous formé une idée sur la perception de la maladie. Ces termes, viennent une fois de plus enrichir le parler kinois et leur façon de concevoir la maladie. Enfin, ceux qui sont appelés à coordonner la riposte contre cette pandémie en République Démocratique du Congo (les médecins, les paramédicaux, les autorités politico-administratives, etc.) , sont sensés connaître ces termes afin de comprendre la manière dont les Congolais perçoivent cette maladie pour agir avec efficacité.

Documents consultés
- Mathieu Avanzi,https://theconversation.com.
- Samuel Malonga et Albert Maketo Mbumba. Le parler kinois. https://www.mbokamosika.com.
- https://miningandbusiness.com.
- https://actualite.cd.

Covid-19 et l'organisation des funérailles en RDC

Par NZEBA LUBALA Florence, TWEKO MUKAWA Roger, MULOPO FABA, MFWANKANG MUNIAR Jacquie et MUTUAKASIALA MUYOMBO Brigitte

Résumé

Depuis plus de trois décennies, l'organisation des funérailles à Kinshasa est devenue plus qu'une fête pour les participants à la veillée mortuaire. Les familles éprouvées font beaucoup de dépenses pour entretenir ceux qui viennent les assister, sans compter l'argent à dépenser pour l'organisation de l'enterrement. Le deuil était devenu une occasion d'appauvrir les familles kinoises. De l'autre côté, ceux qui ont créé des salles pour pleurer les morts en profitent. Ces salles sont louées et la location coute une grande somme d'argent pour les familles éprouvées. Mais depuis l'avènement de la Covid-19 à Kinshasa, cette situation a changé, Des mesures ont été prises qui écourtent l'organisation des funérailles et elles vient pour ainsi dire atténuer la souffrance des familles éprouvées. D'après l'étude menée dans quelques familles de Kingabwa dans la commune de Limete, les gens souhaitent que cette mesure soit substituée en loi qui pourrait être votée à l'assemblée nationale que les Congolais observeront désormais.

Introduction

Au mois de mars 2020, la République Démocratique du Congo a enregistré le premier cas de Covid-19, suite à l'introduction de la Covid19 au pays, le Président de la République a décrété l'état d'urgence sanitaire pour juguler l'évolution de cette pandémie en RDC. A propos, des mesures de prévention qui ont été prises notamment, le lavage régulier des mains avec du savon, la distanciation sociale, la défense de se réunir à plus de 20 personnes, le déplacement à un nombre réduit des passagers dans le transport en commun, le port des cache-nez ; figurent aussi la suspension d'organiser les funérailles à pompe comme jadis. Malheureusement, cette décision à occasionner des pertes énormes pour ceux ont des activités lucratives autour de l'organisations des funérailles. Mais la majorité de Congolais ont salué cette mesure. Elle est venue soulager la population qui avait du mal à couvrir l'organisation couteuse des obsèques en milieu urbain. Pour comprendre l'attitude, la perception et les avis des Congolais suite à cette mesure, nous avons mené des études à Kingabwa dans la commune de Limete. Ainsi, notre réflexion s'articule autour de deux points notamment, l'organisation des funérailles dans le contexte culturel congolais de jadis et aujourd'hui et la conception de la nouvelle mesure liée à l'organisation des funérailles, prise par les autorités politico-administratives et sanitaires à l'heure de la Covid-19.

1. Organisation des funérailles dans le contexte culturel congolais

1.1. Les traditions historiques congolaises

L'organisation des funérailles en Afrique subsaharienne, est liée à la conception traditionnelle de la mort. Le monde de l'Africain existe par rapport à un ensemble de représentations sociales, symboliquement orientées, qui, en définitive, ne fait sens que parce que la connaissance et la reconnaissance de l'incessant dialogue entre l'ici et l'ailleurs absolu fondent la vie. Ainsi, dira-t-on que l'homme africain noir ne compose pas seulement avec les réalités apparentes, celles du monde visible, pour vivre ou survivre.

Autrement dit, vivre véritablement en terre négro-africaine, c'est négocier aussi avec les vivants invisibles « du village sous la terre » - l'expression est de Louis-Vincent Thomas qui, socio-culturellement parlant, sont pris et vus comme les détenteurs véritables de la « violence légitime » et de l'équilibre social toujours et partout souhaité. Cette façon de concevoir l'atmosphère cosmique, qui est aussi une manière culturellement déterminée de se concilier avec l'univers transcendantal, source imaginaire des réalités occultes, permet au Négro-africain d'être en contact immédiat avec les « connaissances souterraines » de l'invisible afin de convoquer ou de provoquer ses forces numineuses (Lamine NDIAYE, 2008). Ces comportements ont pour finalité d'exprimer non seulement une affection pour le défunt mais aussi une compassion à l'égard de la famille endeuillée. On regrette sa disparition, on déplore la situation dans laquelle les orphelins et la famille du défunt se trouvent subitement plongés.

Lorsqu'une personne meurt, ses proches se mettent en sanglot. Ces manières de faire sont des attitudes qui informent, par la même occasion, les populations environnantes qu'un événement malheureux est intervenu au sein de cette maisonnée. Nous voyons que l'irruption de la mort dans le vécu quotidien des Africains, instaure une perturbation sociale qui commande à chaque acteur d'apporter immédiatement son soutien à la famille éplorée.

Après l'enterrement, toutes les personnes qui ont participé à la toilette du corps sont obligées de se laver les mains et les pieds avec l'eau contenue dans un pot en terre. Ce geste symbolise la volonté de se purifier de la souillure occasionnée par le contact physique avec la dépouille mortelle. Les fossoyeurs et les veuves/veufs sont d'emblée protégés de ces malheurs. Les premiers, parce qu'ils sont détenteurs de forces magiques, les seconds parce qu'ils sont encore liés à cette « force du cadavre ».

L'exposition du corps dure 48 heures, pendant lesquelles la dépouille mortelle est l'objet d'une attention particulière. Généralement, chaque famille expose ses morts sous la véranda de sa maison ou à l'ombre d'un gros arbre dans la parcelle du défunt. Mais, certaines personnes estiment que c'est le défunt lui-même qui indique, de son vivant, l'endroit où il voudrait être exposé et enterré. L'exposition du corps s'accompagne, en conséquence, d'une veillée funèbre au cours de laquelle danses et musiques funéraires sont continuelles. Elle a pour but de rendre hommage à la personne disparue en rappelant ses qualités morales, sociales, et en faisant étalage de ses richesses ou de la grandeur de son ascendance.

Il arrive parfois des situations où certaines personnes sont enterrées avec un rituel et des traitements particuliers. Ce sont, entre autres, les cas suivants :

- décès d'une personne survenu dans un autre village ou à l'étranger

  Lorsqu'une personne meurt dans un autre village, elle ne peut être enterrée au cimetière des autochtones. Dans chaque village, il y a un cimetière réservé aux étrangers ;

- décès et enterrement d'un mort-né

  Pour un mort-né, on n'organise pas un deuil. Après être extrait du ventre de sa mère, on l'enterre directement sans le pleurer, de peur que le regret n'empêche la naissance d'autres enfants;

- décès d'un jumeau

On ne pleure pas un jumeau, sinon par compassion, celui qui reste en vie, risque de le suivre (mourir) ;

- décès d'un chef

Le chef meurt par euthanasie. Il est enterré à trois heures du matin. Ce autour de quoi les gens pleurent pendant la journée, c'est un tronc de bananier ;

- décès d'un albinos

Un albinos est considéré comme un fantôme, un homme anormal. On l'enterre sans le pleurer ;

- décès d'un sorcier

Un sorcier est considéré comme un homme méchant. Lorsqu'il meurt sans confesser ses fautes, on l'enterre les yeux virés au soleil. Et sur sa tombe, on dépose une grosse pierre, pour qu'il n'ait pas le temps de sortir et de retourner au village hanter les vivants :

- décès lors d'un accouchement dramatique

Lorsqu'une femme meurt suite à un accouchement d'un mort né, on l'enterre avec son enfant entre ses jambes :

- décès suite aux autres formes de morts violentes (cas d'un homme qui se suicide) :

Pour une personne qui se suicide, on le flagelle avant de l'enterrer, parfois sans le pleurer :

- décès suite à certaines maladies (cirrhose du foie) :

En cas d'un décès suite à la cirrhose du foie, on pleure le disparu loin des habitations et on l'enterre à un endroit isolé, loin du cimetière commun ;

- décès et enterrement d'un enfant-revenant :

Lorsqu'un enfant – revenant, c'est-à-dire, un enfant qui est déjà mort et retourné à la vie, on l'enterre en lui amputant l'orteil ou l'oreille, pour qu'il ait honte de renaître.

En Guinée, les mêmes rites funéraires sont rapportés par Denise Paulme (Denise PAULME). :

- La tombe de l'étranger est en dehors de l'agglomération, en bordure du chemin, parfois à un carrefour : rien ne l'indiquera aux yeux du passant ;

- Les lépreux et les aveugles, sont inhumés hors du village, souvent le long du sentier qui mène au point d'eau ;

- La dépouille d'un petit enfant, est enveloppée dans une feuille de bananier, puis jeté sans aucune cérémonie ;

- Le sorcier qui a avoué, ou que l'on a reconnu, être possesseur d'un talisman mortel, meurt dans la souffrance cruelle ;

- Lorsqu'une femme stérile meurt, on l'abandonne aux mains de vieilles femmes.

En effet, si la mort est interprétée au sein de la population comme un franchissement de seuil, la réaction du groupe social face à la disparition d'un de ses membres est conditionnée par les valeurs dont il se réclame. Les rites thanatologiques (annonce de la mort, toilette, exposition-veillée funèbre, enterrement du corps, puis cérémonial de l'après-mort) apparaissent dès lors comme des moments privilégiés qui marquent le passage du visible à l'invisible.

1.2. La conception de la mort et des funérailles dans la société congolaise moderne

Les valeurs occidentales ont évolué vers d'autres mœurs bien plus rationnelles et tentent donc indirectement avec la globalisation, d'influer sur les traditions des cultures lointaines. A Kinshasa, les gens ont adopté des rites et coutumes occidentaux dans la façon d'enterrer leur mort. Les défunts ont quitté les nattes, les huiles essentielles pour vêtir le traditionnel costume et être imbibés de parfum. Ils ne sont plus inhumés à la traditionnelle, enveloppé dans une natte, à même le sol comme il est de coutume, mais dans un cercueil de bois sculpté, avec des poignées en argent, si bien que le cortège funéraire très impressionnant par sa longueur, affiche des allures de luxe. Par conséquent, les performances réalisées en hommage aux morts sont bien respectées dans les règles de sa tradition.

Le deuil et les funérailles sont aussi l'occasion de grands rassemblements qui ont un coût. Les Kinois dans des cérémonies funéraires rassemblant des centaines de personnes qu'il faut nourrir et auxquelles offrir de la bière.

Ces derniers temps, les veillées organisées à l'occasion des décès, sont devenues des lieux où les hommes et les femmes se livrent à des activités malsaines qui n'honorent pas les morts.

Hormis les activités malsaines (prostitution, chansons à caractère injurieux), bon nombre de personnes profitent des funérailles pour faire des activités génératrices de recettes.

Jadis, la société congolaise honorait les morts. Les parents, les collègues et les amis se rassemblaient au domicile du disparu. Les femmes, assises sur les nattes, exécutaient des chansons funèbres. Elles chantaient toute la nuit, tandis que les hommes causaient en dégustant le vin de palme, pour finir par endormir sur les longues chaises. Cette tradition a été observée jusque dans les années 70.[1]

Après cette période, la dépravation des mœurs s'est dangereusement développée. Les veillées mortuaires n'étaient plus ces moments de recueillement, de pensée pieuse au mort, de regret pour cette personne que l'on ne reverra plus jamais. De nos jours, elles sont devenues des lieux d'exhibition vestimentaires, de démonstrations amoureuses, de débat politique. Les commerçantes y vendent des pagnes, des colliers, des chaussures et autres articles.

Les chants funèbres des femmes qui inspiraient la tristesse et le regret et dont la mélodie endormait, ont été remplacés par la musique moderne mais de mauvais goût, distillée par des haut-parleurs tonitruants qui empêchent de dormir. Sous les chansons obscènes, les garçons et les filles, scandent des slogans à caractère injurieux en présence des parents. Ces scènes durent toute la nuit, car motivés par l'alcool et les stupéfiants, ils ne se fatiguent pas. La plupart des veillées se vident vite à l'arrivée de ces délinquants.

Sur la route du cimetière, ce sont les mêmes garçons et filles qui chantent des chansons honteuses dans les véhicules lesquelles blessent la pudeur des personnes âgées qui sont confinées. Au retour de l'inhumation, les gens envahissent les bars avoisinants où ils boivent jusque tard le soir. Là, les femmes, l'alcool aidant, se livrent à des danses ignobles. Et c'est là où tout se passe, le commerce, la prostitution.

---

[1] A propos, le lecteur intéressé pourrait lire la réflexion que V Y MUDIMBE a publié dans un recueil intitulé dans Réflexions sur la vie quotidienne.

Un autre phénomène émergeant dans le cadre des obsèques, des groupes de jeunes filles organisées boivent dans toutes les veillées. Elles ne sont ni parentes, ni amies, ni même des connaissances de la personne décédée. Parfois elles n'assistent pas à la veillée qui dure généralement une semaine. Le jour de l'inhumation, elles revêtent leurs tenues devenues traditionnelles constituées d'une camisole noire et d'un pagne aux motifs sombres. Au cimetière, elles ne vont pas jusqu'à la dernière demeure du disparu. Elles attendent la fin de l'enterrement dans les bus.

2. L'organisation des funérailles à l'heure de la Covid19

La Covid19 est venue apporter un ouf de soulagement pour bien des ménages kinois qui jadis souffraient dans l'organisation des obsèques. Avant la Covid19, l'organisation des funérailles coûtait énormément. Mais la pandémie oblige, plusieurs mesures drastiques ont été prises. L'une des mesures qui a conduit à la suspension de bon nombre d'activités est celle liée au nombre amoindri des personnes dans le rassemblement. Le deuil est le moment où les gens se rassemblent en grand nombre en Kinshasa. Pour éviter cet engouement autour du deuil, il a été décidé d'acheminer la dépouille mortelle au cimetière après la levée du corps à la morgue sans passer par sa résidence.

Cette mesure a eu des échos opposés. D'un côté, il y a de ceux dont les activités lucratives sont liées à l'organisation des funérailles, notamment, les vendeurs des gerbes des fleurs, des sucrés en plastique ; ceux qui font louer les instruments de musique, les pasteurs qui animent pendant les obsèques, les propriétaires des salles mortuaires, les policiers qui sont affectés au lieu de deuil pour la sécurité (et qui sont payés pour ce travail), etc. Toutes ces personnes se sentent au chômage pendant cette période de la Covid19.

D'autre part, bon nombre des Congolais sont très contents grâce à cette mesure. Du fait que les gens dépensaient beaucoup à cause des funérailles. Bien des personnes qui ont perdu les leurs ont jusqu'à présent des problèmes sérieux, parce qu'ils se sont endettés pour organiser des obsèques. Ce qu'il faut savoir, le tout commence par les dépenses à l'hôpital quand la personne est malade. Et si elle mourait, il faut s'attendre à beaucoup de dépenses à effectuer.

Conclusion

Depuis plus de trois décennies, l'organisation des funérailles à Kinshasa est devenue plus qu'une fête où les assistants au deuil viennent se soûler, se prostituer, se bagarrer, vendre les marchandises ; provoquer la nuisance sonore et faire de démonstration d'habillement (uniforme). D'après l'étude menée dans quelques familles de Kingabwa dans la commune de Limete, nous avons abouti aux résultats suivants : Pendant les obsèques, les familles éprouvées font beaucoup de dépenses pour nourrir, offrir la bière à ceux qui viennent les assister, sans compter l'argent à dépenser pour la morgue, le cercueil, le catafalque, le corbillard, la musique, la salle, la fosse… le deuil est devenu une occasion d'appauvrir les familles kinoises. De l'autre côté, ceux qui ont créé des salles pour pleurer les morts, les vendeurs des gerbes des fleurs, des boissons, etc. vu les recettes qu'ils encaissent pendant les funérailles ; considèrent les mesures prises pour l'organisation des funérailles comme un calvaire. La Covid-19 est venue endeuiller les profiteurs des funérailles et soulager les familles éprouvées. C'est pourquoi nos mêmes et les gens que nous avons interrogés souhaitons que cette mesure (d'enterrer les morts en passant directement au cimetière après la morgue) soit substituée en loi qui pourrait être votée à l'assemblée nationale que les Congolais observeront désormais.

Webographie et Bibliographie
- Dolcita FABRI, « Mort et funérailles chez les Yansi de Tshimbambi», in *Rapports de compte rendu de la 3ème semaine d'études ethno-pastorales*, Bandundu, CEEBA, 1967.
- E., KOVAC, « Une méditation sur la mort », in Anxiété et littérature, paris, 1986.
- Lamine NDIAYE « La place du sacré dans le rituel négro-africain», In Ethiopiques, n°81 2ème semestre 2008.
- Denise PAULME, Les Gens du riz. Les Kissi de Haute-Guinée, Paris, Librairie Plon, 1970.

ANNEXE

LUS POUR VOUS

Commentaires sur le livre : *Visions of culture. An annotated Reader.*
Édité par Jerry D. Moore, 2009.

Par Prof. Delphin KAYEMBE KATAYI

C'est un ouvrage très intéressant, destiné principalement à ceux qui aspirent à la connaissance de la discipline qui a pour objet d'étude la culture. D'un volume estimé à 517 pages, il est écrit tout entier en anglais ; publié sous les presses Alta Mira simultanément dans quatre villes : Lanham, New York, Toronto et Plymouth. Nous pensons avoir insisté quelque part (D. KAYEMBE, 2019 : 33 – 53) insisté sur la nécessité de développer les connaissances dans les langues (entre autres, la langue anglaise), afin de ne pas se priver le privilège d'apprendre et d'élargir les horizons de son savoir anthropologique.

L'ouvrage est compartimenté en 4 parties. La première est intitulée les fondateurs (Founders), et les noms suivants sont cités : Edward Tylor, Lewis Henri Morgan, Franz Boas et Emile Durkheim.

Dans la deuxième partie, qui porte sur la nature de la culture, les noms des anthropologues sont repris en ordre utile : Alfred Kroeber, Ruth Benedict, Edward Sapir et Margaret Mead.

La troisième partie porte sur la nature de la société. Et les savants qui ont consacré des efforts là-dessus, selon Jerry, sont Marcel Mauss, Bronislaw Malinowski, A.R. Radcliffe-Brown Edward E. Evans-Pritchard.

La quatrième partie se charge de s'appesantir sur les théories : évolutionniste, adaptationniste et matérialiste. De ce fait, Leslie A. White, Julian Steward, Marvin Haris et Eleanor Burke Leacock sont comptés parmi les représentatifs.

La cinquième partie quant à elle, prend la partie de mettre en sellette les concepts de : structure, symbole, et signification ; avec comme lieutenants, Claude Lévi-Strauss, Victor Turner, Clifford Geertz et Mary Douglas.

La sixième et dernière partie, termine l'ouvrage en abordant les concepts de Structure, Pratique, Agence, et Pouvoir. Au nombre d'auteurs, il y a James W. Fernandez, Sherry B. Ortner, Pierre Bourdieu, Eric R. Wolf et Marshall D ; Sahlins.

Dans un souci purement pédagogique, en tenant compte principalement des lecteurs juniors de cette recension, nous nous limiterons aux deux premières parties.

La première est intitulée les fondateurs (Founders), et les noms suivants sont cités : Edward Tylor, Lewis Henri Morgan, Franz Boas et Emile Durkheim. Jerry D. Moore confère aux savants auxquels il fait référence (Edward Tylor, Lewis Henri Morgan, Franz Boas et Emile Durkheim) la qualité des fondateurs. Il avance des raisons qui peuvent aider le lecteur à apprécier ou à comparer ses prémisses avec d'autres auteurs de sa trempe. C'est une position qui n'est pas identique à ses compatriotes, comme Thomas Hylland Eriksen and Finn Sivert Nielsen, pour qui, les fondateurs de la discipline ne sont rien d'autres que Malinowski; Radcliffe-Brown; Boas et Mauss (Thomas Hylland Eriksen and Finn Sivert Nielsen, 2013, 46-67). Sans engager le débat autour de cette différence, empressons-nous d'indiquer que Jerry dit de Tylor qu'il est premier à avoir écrit le tout premier livre d'Anthropologie intitulé : *Primitive culture* ; et avoir introduit une série des concepts et théories influents. Enfin, il est le tout premier professeur d'anthropologie à l'Université d'Oxford. Premièrement, on retient de lui que la culture est acquise par l'apprentissage, ce qui implique qu'elle n'est pas héritée. En second lieu, que la culture est une connaissance partagée parmi les membres d'un groupe. C'est-à-dire que la culture est transmise entre les générations à travers l'usage des symboles, lesquels conduisent à l'intérêt de l'anthropologie à s'intéresser à la langue, aux systèmes de connaissance des indigènes et au processus de cette acquisition de la culture (par l'inculturation et l'acculturation). En troisième lieu, la culture, prise dans son sens ethnographique large, est ce 'tout complexe' de l'expérience humaine (embrasse tous les domaines de l'expérience humaine). Et cette culture est interconnectée, impliquant le besoin d'une approche holistique de la culture.

Lewis Henry Morgan se signale à travers son ouvrage (*Ancient Society*), un Classique du 19ème siècle marqué par l'évolution culturelle. Ici Morgan présente une vision de la société humaine comme ayant progressé à travers la préhistoire par trois stades : Sauvagerie, Barbarie, et Civilisation. Et à chacun de ces stades correspond des traits culturels. Son ouvrage conduit à la connaissance d'une vision de progression des variabilités humaines.

Franz Boas est considéré comme le père de l'anthropologie aux Etats Unis. Il est reconnu comme ayant réussi à définir les contours des principales approches du champ de l'anthropologie. Il considère cette discipline se décline sous quatre aspects suivants : l'anthropologie physique/biologique, l'anthropologie linguistique, l'anthropologie socioculturelle et l'archéologie. Cette vision a conduit les anthropologues américains à embrasser, au moins en théorie, une approche holistique (globale) pour comprendre la vie culturelle. De lui, il est à retenir son opposition à la vision évolutionniste unilinéaire qui serait basée sur des hypothèses non prouvées.

Emile Durkheim, ce savant français était à l'origine de création d'une « science de la société », un champ qui inclut l'anthropologie et la sociologie dans un examen structuré de la vie sociale de l'homme. Trois fondamentales traversent son esprit dans la formation de cette discipline, à savoir : qu'est-ce qui lie les sociétés ensemble ? Comment sont-elles intégrées ? et comment il arrive que les individus se partagent le monde et les mêmes coutumes, lesquels sont distincts des membres d'autres sociétés ?

En dépit de sa spéculation sur les réponses à ces questions, Durkheim poursuit des recherches empiriques en se basant sur les contes des missionnaires, textes historiques et d'autres sources écrites tendant à développer la méthode comparative dans les sociétés humaines. En partie, Durkheim a tenté de comprendre sa propre société, par exemple, en conduisant des analyses du suicide parmi les nations européennes.

Cette première partie s'achève à la quarante-septième page, et a l'avantage de souligner les raisons qui ont poussé Jerry a adopté ses positions sur les fondateurs de l'Anthropologie. Une lecture minutieuse de cette partie permet de signaler que l'auteur s'est largement appuyé sur les écrits de ces différents auteurs pour éclairer ses nombreux lecteurs.

Que retenir de la deuxième partie de l'ouvrage de Jerry ? D'abord, elle porte sur la nature de la culture. Ensuite, il nous semble que c'est ici qu'il traduit la correspondance avec le titre de son ouvrage (Visions de la culture).

D'entrée de jeu, il aligne en premier lieu Alfred Kroeber. Celui-ci dit de la culture qu'elle est différente des autres domaines de l'existence humaine. Il a insisté constamment que la culture ne peut être réduite des matières héréditaires ou aux stades de l'évolution, expliquée comme les expressions du psyché humain, ou corrélée aux formes sociales. Même si la culture a comme base l'organisme humain, elle occupe son propre univers explicatif, que Kroeber appelle « le super organique ».

Ensuite, Ruth Benedict qui s'illustre à partir de son célèbre ouvrage (best-selling), *Patterns of Culture* (ou Echantillons des civilisations). Jerry lui redonne la parole pour dire : depuis son apparition au milieu du XIXe siècle, l'anthropologie avait obtenu des données ethnographiques plus complètes et celles-ci avaient des implications pour la théorie anthropologique. Au début, l'anthropologie s'appuyait sur des sources sommaires de détails ethnographiques - lettres de missionnaires, récits d'explorateurs et rapports de diplomates - qui présentaient rarement une vision complète ou impartiale d'une autre culture. Ces récits ont été exploités par les premiers anthropologues - comme Tylor, Morgan et d'autres - pour des détails ethnographiques, présentés comme des traits isolés avec peu de contexte culturel. De tels traits isolés qui pourraient être rangés commodément dans les étapes évolutives proposées par les évolutionnistes victoriens.

Mais au début du 20e siècle, des programmes de travail anthropologique plus cohérents ont commencé, poursuit-il, avec le développement de normes et de pratiques rigoureuses de recherche anthropologique, observe Benedict, des portraits ethnographiques plus complets ont émergé. Ces études ont indiqué que les cultures avaient des modèles ou des configurations distinctes, plutôt que d'être simplement un méli-mélo de traits isolés. Benedict soutient que les cultures sont intégrées selon des idéaux centraux ou des principes. Plutôt qu'un assortiment aléatoire de traits isolés ou fonctionnellement articulées par des finalités complémentaires, les cultures parviennent à une réalisation moins réussie d'un comportement intégré.

Edward Sapir annonce la fin de sa liste. En effet, ce linguiste et anthropologue culturel a beaucoup contribué à l'étude de la langue et de la culture, dans un champ d'enquête anthropologique appelé « culture et personnalité » ou anthropologie psychologique, et il a publié une rafale de revues, de poèmes et d'articles — un éventail diversifié de recherches ancrées par sa fascination pour la langue.

En cela, Sapir a suivi la vision de Franz Boas selon laquelle la maîtrise d'une langue maternelle fournissait une entrée essentielle dans une autre culture, mais Sapir a avancé cette vision, arguant que la langue était une construction culturelle et codait les cadres de base de la vie sociale.

Il a soutenu qu'il existe une étroite relation entre les catégories de signification dans une langue et les catégories mentales utilisées par les locuteurs pour conceptualiser le monde. Ceci fait référence à l'hypothèse avancée par Sapir appelée la 'relativité linguistique'. Elle renferme tout au plus 4 éléments sur la langue :

1. Elle est un comportement appris ; même si le langage humain peut être basé sur les éléments physiques des cordes vocales, du larynx et des poumons et limité par la gamme innée de l'audition humaine, rien sur le langage n'est hérité.

2. Elle est toujours artificielle et basée sur la convention. Même les mots les plus simples - par exemple, les mots qui imitent les sons naturels - ne sont pas simplement des rendus de la nature mais sont des conventions culturellement prescrites.

Commentaires sur le livre : *Visions of culture*

3. Les mots reflètent les environnements dans lesquels ils sont utilisés, et pas seulement les environnements naturels mais aussi les environnements sociaux. Les langues emploient des mots spécifiques parce que les choses et les concepts associés sont socialement utiles.

4. Enfin, les langues codent ainsi de manière distincte différentes façons de concevoir et de percevoir le monde, et les locuteurs de différentes langues occupent des univers conceptuellement distincts.

En dépit des critiques adressées à ces prises de position, Jerry soutient que les idées de Sapir représentent un effort pour comprendre une question fondamentale - qu'est-ce qui donne à une culture sa cohérence interne ? - et Sapir a proposé que cette cohérence dérive des conceptions du cosmos partagées par des locuteurs de la même langue.

Enfin, Margaret Mead dont l'œuvre est ventée à juste titre car, elle est créditée avoir écrit près de 1 500 livres et revues scientifiques, ainsi que de centaines d'articles de journaux et de magazines. Beaucoup de ces publications traitaient de l'observation centrale de Mead : les différentes manières d'élever les enfants sont essentielles pour comprendre les différences culturelles.

À un certain niveau, l'argument de Mead semble assez évident : les anthropologues ne peuvent pas comprendre les différentes cultures sans documenter les transformations de la naissance à l'âge adulte. À un autre niveau, l'argument de Mead est plus subtile. Les ethnographes sont attirés et observent des pratiques culturelles élaborées et stylisées : fêtes publiques, rites d'initiation entourés de tabous, cérémonies basées sur le calendrier, etc. Pourtant, certaines sociétés mettent l'accent sur d'autres pratiques culturelles moins formulées, pratiques culturelles essentielles que l'ethnographe peut ignorer.

C'est ainsi qu'elle suggère : "Pour une compréhension adéquate de la culture humaine, il est absolument essentiel d'étudier soigneusement toutes les parties d'une culture, et pas seulement celles qui présentent l'apparence superficielle d'avoir la plus grande forme."

Mead décrit non seulement les méthodes ethnographiques sur le terrain, mais soutient également que les aspects subtils et inexplicables de la pratique culturelle ne peuvent être négligés. Cette position a des implications théoriques qui contrastent avec d'autres visions de la culture.

Le survol que nous venons de faire sur les deux premières parties de l'ouvrage de Jerry D. Moore a valeur d'introduction. Il a l'avantage de cerner les prises de position des auteurs classiques sur la culture, au-delà de ses nombreuses définitions. En tout, c'est un ouvrage que nous recommandons vivement à tout esprit curieux et sensible à la discipline anthropologique.

- Jerry D. Moore, Visions of culture, Lanham, New York, Toronto, Plymouth, Alta Mira Press, 2009.
- Delphin KAYEMBE KATAYI, « Plaidoyer pour un dialogue constructif entre deux mondes : organisations non gouvernementales internationales et Université. Points de vue d'un anthropologue », in *Carrefour congolais*, RDC-Les Pays-Bas, Kimpa Vita, n°1 mars 2019, pp. 33-53.
- Thomas Hylland Eriksen and Finn Sivert Nielsen, *A History of Anthropology*, London, Pluto Press, 2013.

KAVWAHIREHI, Kasereka. *V. Y. Mudimbe et la ré-invention de l'Afrique. Poétique et politique de la décolonisation des sciences humaines*. Amsterdam-New York, Rodopi (« Francopolyphonies»), 2006, 421 p.

Par Anthony MANGEON

L'année 2006 aura vu, en France, de nombreuses rencontres et publications accorder une attention toujours plus soutenue aux études postcoloniales et au développement de leurs problématiques[1]. Parmi les « autorités postcoloniales », la figure de V. Y. Mudimbe fut fréquemment évoquée (voire invitée à participer aux débats, comme à Sciences Po), et ce seul fait suffirait à rendre opportune la parution du livre de Kasereka Kavwahirehi. L'intérêt de cette monographie va toutefois bien au-delà : pour la première fois, en effet, c'est dans son intégralité et toute sa diversité (poétique, romanesque, philosophique et critique, et francophone autant qu'anglophone) que l'œuvre de Valentin-Yves Mudimbe se trouve appréhendée. Après de nombreux articles, diverses thèses, un volume de « Mélanges »2 et deux monographies pionnières3

---

[1]Signalons, à titre d'exemples, certains dossiers ou numéros spéciaux de revues (Contretemps n°16, Esprit n°330, Hérodote n°120, Labyrinthe n°24, Multitudes n °26, Sciences Humaines n°175 et Le Monde des Livres du 13 octobre 2006) ; la parution ou la traduction de volumes collectifs (N. Bancel &
P. Blanchard (dir.), La France Postcoloniale, 1961-2006, Paris, Autrement ;
N. Lazarus (dir.), Penser le postcolonial,Paris, Amsterdam) ; ou les colloques organisés par le Centre d'études et de recherches internationales à l'Institut d'études politiques (« Que faire des Postcolonial Studies ? », 4-5 mai 2006), par l'Association internationale de recherche sur les crimes contre l'humanité et les Génocides à l'Assemblée nationale et à l'EHESS (« Retours du Colonial ? », 13-14 mai 2006), ou encore les récentes rencontres au CNRS du Réseau thématique pluridisciplinaire consacré aux Études africaines.

(mais limitées par leur bibliographie restreinte), Kavwahirehi entreprend donc l'audacieux pari de reprendre à son tour « l'œuvre mudimbienne » à partir de deux fils conducteurs. Il veut explorer la « dynamique philosophique » qui la sous-tend, et montrer ainsi comment « la décolonisation des sciences humaines en Afrique postcoloniale » (p. 11) s'articule sur d'infatigables et constants passages des frontières (territoriales, linguistiques, génériques, disciplinaires) qui ont fait de Mudimbe un intellectuel « nomade » tout autant qu'un penseur « hybride », depuis l'ex-Zaïre aux États-Unis en passant par la Belgique, la France, la Grande-Bretagne, l'Allemagne et le Mexique ; et par ailleurs, il vise à révéler comment ce projet s'ancre « dans l'expérience vécue d' un sujet singulier », ou comment s' incarnent, dans les textes de Mudimbe, « l'histoire et l'écriture d'un corps avec ses passions, ses désirs, ses fantasmes et ses déchirements intérieurs » (p. 13). Conçue comme une entreprise de subjectivation, de dérèglement et de décentrement du discours africaniste, l'œuvre mudimbienne se trouve finalement « abordée comme un lieu de négociation entre "l'africanité" et "l'occidentalité" en vue de l'émergence d'un sujet africain postcolonial autonome » ou, plus largement, d'« un espace culturel métissé » (p. 18).

Après l'introduction, la problématique générale se développe en trois grandes parties et douze chapitres. S'ouvrant sur une « archéologie du discours mudimbien » (chap. 1), la monographie explore d'abord le « devenir du projet à travers quatre situations » (l'éducation bénédictine, la formation intellectuelle, l'action universitaire en Afrique et l'exil américain) ; elle rappelle ensuite le développement et l'histoire de « la négritude littéraire, scientifique et idéologique » (chap. 2) pour mieux appréhender son « procès autour des années soixante-dix » (chap. 3) et mesurer ainsi les empreintes et distances qui s'inscrivent, vis-à-vis d'elle, dans les textes de Mudimbe.

La deuxième partie, consacrée à « la prise de parole mudimbienne et [à] l'esthétique de la subjectivité », se distribue en cinq chapitres inégaux. La notion de « prise de parole » et la question des « régimes énonciatifs poétique, romanesque et théorique » font, en deux chapitres, l'objet de traitements plutôt lourds et laborieux où les amoncellements rhétoriques et théoriques n'accouchent que de pauvres souris conceptuelles. L'auteur mobilise tant d'autorités, qu'on finit par s'étonner qu'il ne parvienne guère lui-même à respecter ses propres poncifs : si « une prise de parole authentique, celle qui n'est pas simple bavardage ou répétition mécanique d'un déjà-dit, est l'expression de la force innovatrice du sujet dans un système institué de signes » (p. 91), alors celle du critique apparaît bien faible et compassée face à Mudimbe, et mieux eût valu nous en tenir aux citations de ce dernier pour montrer peut-être, et à rebours, tout ce que ce vœu pieux avait aussi de rhétorique chez l'essayiste africain. Si « le tigre ne proclame pas sa tigritude, mais bondit », celui qui « entend désormais s'assumer comme sujet de son propre discours » (p. 92) n'a pareillement nul besoin de proclamer, au préalable, les « conditions de possibilité » de son discours : il lui suffit d'expérimenter directement, concrètement, l'expression de soi « en tant qu'existence singulière engagée dans une histoire, elle aussi singulière ».

C'est ainsi qu'on se doit, certes, d'étudier le caractère auto-fictionnel de l'œuvre romanesque, mais il faudrait également apprécier la convention rhétorique, voire la part du mythe personnel dans cet appel récurrent à un verbe créateur et fondateur. On pourrait, de cette manière, également nuancer les promptes et abusives affirmations d'un « antifondationalisme mudimbien » (p. 102), puisqu'on exposerait davantage la part stratégique d'une énonciation qui se présente en effet comme résolument postmoderne.

Mudimbe tend à appréhender « tout discours, même scientifique, comme une fiction qui ne donne jamais à voir la chose même ou l'expérience telle qu'elle est vécue » (p. 102) ; mais en voyant dans la « subjectivité » la garantie d'une possible « authenticité » ou validité du savoir, et en postulant, par ailleurs, la possibilité de « révéler, plutôt que déformer la chose du texte », ou en tout cas de « s'y lier plus fidèlement »2, il n'en continue pas moins, selon moi, de penser la connaissance sur le double mode de la représentativité et de la correspondance, et il reconduit par là même le cadre fondationaliste et représentationaliste qu'il est, selon ses nombreux épigones, censé « dépasser ». Ici, osons une parenthèse : autant qu'à la radicalité de ses questionnements, la fascination qu'exerce la prose philosophique de Mudimbe tient au caractère énigmatique de ses réponses, qui autorisent certains malentendus et beaucoup de surinterprétations. Prenez, par exemple, la notion de gnosis que Mudimbe substitue à celle — foucaldienne — d'épistémê: elle présente assurément l'avantage de replacer la subjectivité au cœur du processus gnoséologique, puisqu'elle insiste sur la participation fondamentale du sujet à la constitution et à la transformation des « ordres du discours », mais dans le même temps, elle conserve, du propre aveu de Mudimbe, une signification ésotérique (« une sorte de savoir secret »)2 qui, mal comprise, autorise la quête — précisément inscrite au cœur de toutes les mystifications afrocentristes et autres projets ethno-philosophiques — d'un savoir spécifiquement africain et radicalement autre. Et qu'est-ce, alors, qu'« être africain » ? Beaucoup comprendront cette ambition comme un retour à « l'Africain réel », c'est-à-dire « l'Africain non-occidentalisé », et reproduiront en cela le geste mythographique de l'africanisme colonial, pourtant clairement dénoncé dès l'introduction de *The Invention of Africa*. C'est donc sur cette ambiguïté que le travail de Kavwahirehi atteint peut-être, à mon sens, sa véritable limite : car si l'exégète saura rappeler, un peu plus loin, toute la distance qui sépare Mudimbe de l'afrocentrisme dans ses versions africaines ou africaines-américaines (p. 257, p. 310, pp. 328-329), il lui associe, dans le même temps, un projet constant de « décolonisation des sciences humaines » et cette option heuristique, défendue dès l'introduction et inscrite au cœur même du sous-titre, reconduit tacitement le fantasme d'une pureté originelle, d'un retour aux sources, et elle entre ainsi en contradiction flagrante avec l'implacable cri-tique que, du constat même de Kavwahirehi, Mudimbe oppose à toute pensée essentialiste et binaire.

Faute d'avoir suffisamment interrogé les stratégies énonciatives de Mudimbe, en fonction de leurs contextes et de leurs destinataires possibles, Kavwahirehi semble s'être laissé piéger par leurs ambivalences, voire leurs tensions propres : sauf à être schizophrène, il peut sembler en effet contradictoire de souligner l'ancrage de la gnose africaine « dans le territoire épistémologique occidental », mais de postuler en même temps la possibilité d'un authentique savoir africain, comme il serait contradictoire de s'assumer comme « produit d'une raison coloniale »[2] mais de prôner, conjointement, la « décolonisation mentale ». En mettant le projet critique de Mudimbe — et donc sa propre démonstration — sous le signe d'un autre penseur congolais, Mabika Kalanda[3], Kavwahirehi commet selon moi un abus et donc une erreur d'interprétation. Mudimbe est effectivement attaché à une « remise en question » de tous les discours produits sur l'Afrique, y compris les discours africains qui prétendent participer d'une connaissance ou d'une reconstruction effective de la tradition autochtone, et pourtant sa critique ne se conçoit pas, selon moi, sur le mode réactif de la « décolonisation » mais plutôt sur celui, plus effectif et dynamique, de la relecture et de la « reconversion ». La distance

---

[2] Les corps glorieux des mots et des êtres, esquisse d'un jardin à la bénédictine, Paris, Présence Africaine ; Montréal, Humanitas, 1991, p. 179.

très nette qu'a signifiée Mudimbe vis-à-vis des projets philosophiques ou critiques de Kwasi Wiredu et de Chinweizu, respectivement adeptes d'une « décolonisation » des langues ou des littératures africaines, porte précisément sur ce point3. Dans son « autobiographie », Mudimbe parlera d'ailleurs des transformations qu'il poursuit en usant — non sans provocation ! — du verbe « coloniser » plutôt que « décoloniser » : « Nous nous savons », écrit-il, « être des enfants d'un passé. Nous en sommes aussi les maîtres. [...] A nous de le transformer, ce passé ; c'est-à-dire de le coloniser, de l'arranger pour qu'il s'intègre dans les lieux d'accomplissement de notre liberté[3] ». Plutôt qu'une « décolonisation des sciences humaines », l'ambition philosophique de Mudimbe m'apparaît donc comme la conséquence directe de sa formation philologique, ou comme le programme même de la tradition herméneutique à laquelle il se rattache par le truchement de Paul Ricœur. Il veut en effet, à partir des textes et de leurs usages, retracer l'histoire et la construction de certaines significations et figurations de l'Afrique, ou dévoiler leurs reconductions, voire leurs transferts chez les penseurs africains eux-mêmes, pour mieux identifier certains points aveugles (la non-prise en compte des points de vue non européens) ou mieux cartographier certaines zones d'ombre (ce que Mudimbe appelle lui-même « l'espace intermédiaire, diffus, de la marginalité, entre la prétendue tradition africaine et la modernité projetée du colonialisme »[4]). Et c'est uniquement à partir de ce travail de « reprise » qu'il pense faire émerger de nouvelles significations, promouvoir une véritable émancipation. Mais la posture critique préférée de Mudimbe demeure toujours, de fait, la lecture qui poursuit et révèle, dans les textes, les manifestations d'un ordre épistémologique (beaucoup de ses essais francophones partent, ainsi, de comptes rendus sur divers ouvrages africanistes), et la

---

[3] Les corps glorieux, p.121.
[4] The Invention of Africa, pp. 4-5.

conclusion de *The Invention of Africa* montre bien sa propre réticence à proposer quelque vérité que ce soit, autre qu'aporétique. Ici nous refermons la parenthèse.

En s'attachant plus particulièrement à « la quête d'une parole poétique authentique » (chap. 6), à « la subjectivité, l'énonciation et la subversion dans les essais » (chap. 7), puis à « la subjectivité et [à] ses enjeux dans les romans et l'autobiographie » (chap. 8), Kavwahirehi met bien en relief les influences que subit l'écriture mudimbienne ainsi que les infléchissements novateurs qu'elle impose, en retour, sur la poétique de ses possibles modèles : les comparaisons entre les romans et les biographies de Sartre (La Nausée ; Saint Genet, comédien et martyr) et de Mudimbe (Entre les eaux, L'Écart) s'avèrent à cet égard particulièrement fécondes, tant dans les analyses qu'elles proposent de « l'enquête existentielle plutôt qu'historique » à laquelle se livrent Roquentin et Ahmed Nara, que dans l'étude de la mauvaise foi qui anime Pierre Landu *(Entre les eaux)*. On regrettera, inversement, que l'analyse des rapports masculin/féminin se limite à une *vulgate* psychanalytique sur « la puissance castratrice de toute femme en qui [le héros mudimbien] retrouvera le visage de sa mère imposante et juste » (p. 184). Une analyse plus audacieuse eût pu identifier, chez Landu, une évidente tentation homosexuelle qui devient, chez Nara, effective transgression de l'hétérosexualité et incapacité manifeste à toute relation réciproque avec autrui ; de même, la façon dont ce dernier se figure symboliquement « tel un chien » soumis à la femme conquérante (Isabelle, Aminata), trouve peut-être sa clé véritable dans ce rite sacrificiel kouba qui obsède le jeune anthropologue, et dans lequel une femme et un chien se trouvaient enterrés vivants pour sceller traditionnellement une nouvelle alliance entre deux princes ou deux clans. En identifiant ses compagnes aux femmes garantes de l'alliance, non plus en tant que médiatrices de la continuité biologique des groupes (« le don des épouses »), mais en tant que victimes émissaires, Nara confère un tout autre sens aux contacts culturels entre groupes historiques, et notamment entre Afrique et Europe : l'alliance ne saurait plus procéder d'un acte initial de reconnaissance mutuelle, mais se nouant à la suite de violences exercées à l'encontre des femmes, elle réside dans la mémoire commune que les générations futures entretiendront de ce crime originel et fondateur. Et dans cette économie relationnelle où la violence sacrificielle se substitue aux logiques archaïques du don, Nara, qui s'identifie au chien et partant, à l'autre victime émissaire, symbolise le tabou qu'il incarne à son tour et se trouve, dans les sociétés africaines, d'autant plus tu et réprouvé qu'il constitue lui-même une rupture de la continuité biologique. L'émancipation féminine, dans *Le bel Immonde* et dans *Shaba II,* fait ensuite l'objet de comparaisons pertinentes (avec Simone de Beauvoir, avec *La Putain respectueuse* de Sartre) pour montrer comment « Mudimbe attend de la femme une pratique de résistance et de subversion à l'endroit des institutions du pouvoir (social, religieux, éthique, politique) et du savoir qui définissent les rapports sociaux dans les sociétés africaines *[sic]* » (p. 196). L'étude de l'autobiographie mudimbienne *(Les Corps glorieux des mots et des êtres)* est magistrale dans sa démonstration de l'intertexte sartrien, et elle montre notamment comment cet essai d'auto-analyse s'apparente, sans jésuitisme aucun, à un exercice spirituel de « psychanalyse existentielle » (p. 210). Sur ce dernier texte, on eût pu montrer également comment il anticipait et préfigurait, dès son sous-titre même, l'*Esquisse pour une auto-analyse* que Pierre Bourdieu fera paraître, à titre posthume, en 2004.

La troisième partie, qui s'intitule « Critique et dépassement des langages en folie », ambitionne plus largement de resituer, en trois chapitres, la pensée mudimbienne dans la tension critique qu'elle entretient avec ces « réflecteurs » philosophiques majeurs que sont, pour elle, Jean-Paul Sartre, Claude Lévi-Strauss, Michel Foucault, Paul Ricœur, Michel de Certeau, Léopold Sédar Senghor et Mabika Kalanda. Le chapitre 9, intitulé « Questions de méthode : du bon usage de Sartre, Foucault, Lévi-Strauss et du contexte américain », s'applique à expliciter la synthèse, entre existentialisme et structuralisme, que Mudimbe opère en insistant sur « le pouvoir d'agir du sujet » (p. 271) et sur sa capacité à transcender et modifier, en retour, le champ épistémologique qui rend pourtant possible ses divers positionnements et partant, conditionne également « les discours créatifs » (*The Invention of Africa*, p. 35). Reprenant, pour commencer, les réquisitoires de Mudimbe contre l'ethnocentrisme inhérent au projet même du structuralisme, puisque ce dernier participait pleinement du « cadre épistémologique et idéologique occidental » (p. 241) et qu'il s'avéra notamment incapable de « saisir la situation coloniale comme faisant partie des conditions historiques et épistémologiques de la modernité occidentale » (p. 239), ce chapitre s'achève brillamment sur un paradoxe inverse, puisqu'il invalide la réception partisane de Mudimbe à qui certains de ses confrères philosophes et africains ont souvent reproché de « critiquer le discours occidental sur l'Afrique en se servant encore de ce discours » : on saura gré à Kavwahirehi d'avoir « dépassé » ici les habituels procès d'intention pour souligner toute la dimension stratégique et paradoxale des usages mudimbiens de la raison, « braconnage » ou « espace de jeux et de ruses » par lesquels Michel de Certeau définissait précisément « l'acte de lire » et de « relier » les pensées philosophiques, y compris (pour ne pas dire et surtout) les plus « antagonistes » (p. 280).

Les chapitres suivants reprennent alors les critiques contre les discours occidentaux sur l'Afrique (la fameuse « Bibliothèque coloniale ») en exposant tour à tour « la structure de la raison coloniale et l'invention de l'Afrique » (chap. 10), « la poétique et la politique africaine de l'altérité » (chap. 11), et « les dépassements des langages en folie » (chap. 12). Kawahirehi met au jour les fonctionnements binaires de la « raison occidentale », laquelle vise toujours l'idéation de soi dans « l'altération et la désarticulation » (p. 295) qu'elle fait subir aux diverses croyances et pratiques africaines, et se conçoit par ailleurs comme fin ultime de toute primitivité à « convertir ». L'auteur élucide également la démarche postcoloniale de Mudimbe, qui consiste à se savoir « produit d'une raison coloniale » sans pour autant accepter de s'y restreindre, tout en refusant, parallèlement et à l'instar de Fanon, « tout enfermement dans la tour substantialisée du Passé ». Au final, nous trouvons la promotion presque senghorienne d'une « métissité fondamentale », ainsi qu'un regard intégralement critique, y compris envers les modalités par lesquelles la philosophie et les sciences humaines ont justement participé — et participent encore — à la disciplination et donc à « l'invention » de l'Afrique. Certaines analyses ponctuelles et méta-critiques montrent très bien comment Mudimbe aime à révéler, chez les auteurs qu'il commente et discute, le « caractère construit » et « le montage » de leurs affirmations sur l'Afrique. Ces riches contributions herméneutiques sont toutefois alourdies, plus qu'appuyées, par la redondance de plus en plus fréquente des mêmes citations de prédilection : il eût été plus utile d'interroger l'usage que fait Mudimbe lui-même de la citation, qui s'apparente en effet au cautionnement autant qu'au détournement de l'autorité. Rien de cela chez Kavwahirehi : des propos exactement similaires peuvent en effet se trouver parfois convoqués de façon inexacte ou notablement contradictoire, comme les citations de Sartre qui servent à des affirmations contraires (Pierre Landu réalise ainsi l'« *époché* phénoménologique », p. 167, et puis finalement, non, pas du tout, p. 170) ou qui changent soudainement de références paginales pour Michel de Certeau entre les pages 290 et 297 ! Certaines coquilles sont également embarrassantes, qui eussent aisément pu être évitées sinon supprimées par plus de vigilance ; les barbarismes de « la concrétude » (p. 232) ou de « la démythisation » (p. 358) nous hérissent, quand « concrétion » et « démystification » (ou « démythification ») eussent tout à fait justifié leur emploi, et nous restons cois devant la confusion entre « voies » et « voix » (p. 254), ou fort étonnés par le curieux amalgame entre « encenseur » et « ascenseur » (p. 333), alors même qu'il s'agit d'une citation récurrente de Mudimbe !

Si ces quelques travers risquent d'agacer le lecteur familier des textes de Mudimbe, qui se voit parfois refiler une compilation savante plutôt qu'une analyse érudite, ils ne sauraient aliéner le néophyte qui sera initié, par l'abondance des citations dont certaines sont issues de textes difficiles à trouver, à la riche densité des réflexions mudimbiennes et de leurs résonances possibles avec d'autres pensées.

En raison même de leurs multiples recoupements, les parties et chapitres de cette monographie extensive peuvent d'ailleurs se lire de manière assez autonome, même si l'on regrettera au final qu'un index des notions et concepts ne soit pas venu compléter, en fin de volume, celui des noms propres et la bibliographie de plus de vingt pages, qui incluent les textes de (ou sur) Mudimbe. À noter, pour une possible réédition de cette monographie, la parution en 2006 de *Cheminements, carnets de Berlin (avril-juin 1999)*[5], dont l'écriture diariste et autobiographique vient tout à la fois prolonger les romans et les essais de Mudimbe.

---

[5]Ville de Brossard (Québec), Humanitas, 2006, 223 p.

RDC : lorsque le Coronavirus nous redressa !

Scooprdc.net
par la rédaction, le 22 mars 2020

Depuis quelques semaines, le Coronavirus a imposé sa loi sur notre société, imposant à tous des normes qui hier, étaient difficiles à appliquer. Au-delà de la restriction et du confinement, au-delà de la morbidité et de la mortalité, le Coronavirus est venu redresser certains des comportements déviants qui s'étaient profondément enracinés dans les habitudes, au point que même l'autorité publique était incapable de nous redresser. Et pour mettre tous au pas, le Coronavirus a préféré entrer au Congo par le haut, s'attaquant aussi bien aux dirigeants qu'au petit peuple, afin que personne ne fasse exception.

LES MEILLEURS SOINS A L'ETRANGER

Le Coronavirus nous aura appris qu'il ne sert à rien de travailler pour soi, mais plutôt pour la communauté. Nous avions pris l'habitude de nous faire soigner dans des meilleures formations médicales à l'étranger, abandonnant les hôpitaux de l'Etat sans équipements adéquats, sans médicaments. Le personnel délaissé sans rémunération suffisante et parfois sans formation requise.

La dernière scène a été vécue à l'hôpital Général de la capitale qui, il y a trois mois manquait d'un groupe électrogène de secours et des couveuses. C'est un donateur privé qui se présenta pour offrir ces matériels à la principale formation médicale du pays. On se souviendra de l'image de ces jeunes médecins tabassés comme des malfrats devant l'immeuble du gouvernement par la police alors qu'ils revendiquaient leur prime. Aujourd'hui, ce sont ces médecins qui vont nous soigner du Coronavirus, avec tous les risques. Fini les avions médicalisés, fini les transferts en Suisse aux frais du trésor public, fini le transfert en Inde ou en Afrique du Sud où parfois, les Congolais étaient soignés par des médecins congolais, mis dans des meilleures conditions du travail par leur pays d'accueil.

LA BELLE VIE A L'ETRANGER

Nous avions pris l'habitude de penser que la belle vie, c'est à l'étranger. Nous avons vécu sur notre propre terre comme des mercenaires. Le Congo, c'est pour chercher l'argent et aller se la couler douce à l'étranger. Avec de l'argent gagné parfois sur le dos d'une population chaque jour appauvrie et au déficit de l'Etat, nous avons acheté maisons et appartements à l'étranger pour y installer nos familles, parce que les maternités congolaises moins équipées n'étaient pas dignes de voir naître nos enfants, parce que les écoles que nous avons abandonnées n'étaient plus dignes de recevoir nos enfants. Nous avons préféré installer nos femmes à l'étranger pour mieux profiter des jeunes congolaises au pays. Et pour entretenir ces différents foyers, nous devrions gagner plus d'argent et à tout prix.

Et du jour au lendemain, Coronavirus s'imposa et nous sépara de nos familles qui ne peuvent nous rejoindre et que nous ne pouvons pas non plus rejoindre surtout en ce moment difficile où chacun a besoin des siens. Coronavirus nous a rappelés que nous sommes tous égaux, Congolais de haut ou de bas, nous sommes tous vulnérables et nous devons tous aujourd'hui nous présenter devant les mêmes soignants, riches et pauvres, dans les mêmes formations médicales que nous avions négligées hier.

Pourvu qu'après le Coronavirus nous comprenions que le Congo, c'est notre patrie et que nous devons tous nous investir pour améliorer les conditions de vie pour tous, car on ne peut mieux vivre que chez soi.

LES DEUILS DES FETARDS

Nos deuils étaient devenus des fêtes où l'on venait parader avec ses belles voitures et exhiber ses beaux habits. Et pour faire complet, de la nourriture était même servie aux centaines des participants et pour que le fête soit complète, on servait à boire et la fête pouvait continuer jusque tard. Tous les bistrots des environs étaient pris d'assaut après l'enterrement. Enterrer un corps était devenu un calvaire pour la famille. Dans une société pourtant appauvrie, enterrer un mort en toute simplicité et intimité familiale était devenu une honte pour la famille qui n'aura pas été capable d'offrir des funérailles grandioses au sien. Un nouveau commerce a vu le jour à Kinshasa : des services funéraires qui offraient des salles mortuaires, des corbillards et des services des croques morts à des prix exorbitants. Des services qui pouvaient aller jusqu'à 10.000$, alors que le défunt n'a peut-être pas bénéficié de 500$ de la famille pour se faire soigner. Des corps prouvaient traîner jusqu'à 15 jours à la morgue, le temps de réunir l'argent de la salle, de la nourriture et de la boisson pour au moins cinq cents personnes.

On s'offrait des mariages avec trois cents invités. Les salles mortuaires se transformaient en salles de fêtes et pour réussir ces réceptions, le jeune époux devrait se débrouiller pour trouver de l'argent qu'il n'a jamais réuni de sa vie, en plus de la dot chaque jour revu à la hausse par les parents des fiancées. Alors que selon les traditions congolaises au nom desquelles certains voudraient résoudre leur problème de pauvreté, la dot était symbolique.

Beaucoup des couples en sont sortis avec des dettes et la vie devient compliquée après le mariage. Alors qu'ailleurs, un mariage peut se dérouler devant quelques amis et quelques membres de la famille.

Qui pouvait nous raisonner pour arrêter toutes ces hérésies ? Même l'Etat était incapable. Il a fallu que le puissant Corona arrive pour que tous ces rassemblements irrationnels s'arrêtent. Pourvu qu'après Corona, nous tirions les leçons de la vie.

LE TRANSPORT HORS NORMES

Les transports des personnes s'effectuaient à Kinshasa hors des normes acceptables pour des êtres humains. Les bus et autres taxi-bus étaient bondés comme si on entassait du bétail. Et personne n'était capable de régler cette situation. Le taxi moto, ce nouveau moyen de transport qui s'est imposé à Kinshasa, faute de mieux, s'effectuait également hors normes. Les motards circulent sans permis de conduire et sans casque, les motos sans plaque d'immatriculation pouvaient transporter jusqu'à quatre passagers et passer sous le nez d'un agent de roulage qui faisait semblant de n'avoir rien vu. Les motos taxis pouvaient transporter toute une famille, avec des enfants à bas âge sur le guidon sans que cela n'offusque personne. Malgré de nombreux accidents qui ont occasionné des morts d'enfants sous les regards des parents, personne n'était capable d'arrêter ce danger permanent. Tout se résumait à la logique de débrouillardise et de misère qui la justifiait, sans penser à la sécurité humaine. A plusieurs reprises, l'autorité urbaine et la police ont tenté de mettre de l'ordre dans ce secteur mais ils se sont heurtés à la résistance des motards devenus plus puissants que l'Etat. Pourtant, partout ailleurs où les motos font du taxi, cela s'effectue dans le respect de la dignité humaine et de la sécurité des passagers et d'autres usagers de la route.

Il a fallu que le puissant Coronavirus arrive pour raisonner tout le monde. Pourvu qu'après Corona, nous ne revenions pas à la situation d'avant.

KIN LA POLLUTION SONORE

Malgré la campagne de Kin Bopeto qui obligeait les bars et les églises à régler le décibel, le tintamarre se vivait partout dans Kin, la ville d'ambiance. Aucun quartier de la ville n'était épargné. Même les quartiers jadis dits résidentiels comme Ma Campagne, Limete ou Rigini ont été envahis par les Nganda, pompant de la musique jusque tard dans la nuit, empêchant les élèves d'étudier le soir ou les voisins de dormir. Les églises et les bars se rivalisaient en termes de puissances sonores, de jour et de nuit, pour attirer plus du monde. Les policiers chargés d'interpeller les responsables de ces bars et églises préféraient des arrangements au lieu de garantir la quiétude des citoyens. Mais c'était sans compter avec le puissant Coronavirus qui peut, du jour au lendemain, faire ordonner la fermeture de tous les bars et toutes les églises. Pourvu que, après Corona, l'Etat puisse réglementer définitivement l'usage de son par les bars et les églises pour l'intérêt de la population.

L'AUTORITE DE L'ETAT RETABLIE

Sans se rendre compte, les Kinois vivaient dans un environnement pollué, hors normes, insécurisé et immoral. Mais au nom de la survie, nous nous étions adaptés à cet environnement. L'autorité publique était dépassée et n'avait aucun contrôle ni sur la population, ni sur sa police. Aujourd'hui, Corona nous a tous obligés à obéir à l'Etat. Pourvu qu'après Corona, l'Etat reprenne définitivement ses prérogatives pour se faire obéir et changer sensiblement notre condition de vie.

www.ingramcontent.com/pod-product-compliance
Lightning Source LLC
Chambersburg PA
CBHW021407210526
45463CB00001B/254